上海大学出版社

2005年上海大学博士学位论文 21

U0358922

CVD金刚石膜的光电性能及其在辐射探测器中的应用研究

- 作 者: 张明龙

- 专 业: 材料学

- 导 师: 夏义本

2005 年上海大学博士学位论文　21

CVD 金刚石膜的光电性能及其在辐射探测器中的应用研究

作　　者: 张明龙

专　　业: 材料学

导　　师: 夏义本

上海大学出版社
·上海·

Shanghai University Doctoral
Dissertation (2005)

Optical and Electronic Performances of CVD Diamond Film and Its Applications in Radiation Detectors

Candidate: Zhang Minglong
Major: Materials Science
Supervisor: Prof. Xia Yiben

Shanghai University Press
· **Shanghai** ·

上 海 大 学

　　本论文经答辩委员会全体委员审查,确认符合上海大学博士学位论文质量要求.

答辩委员会名单:

主任: 褚君浩　　研究员,中科院上海技术物理研究所　　200083

委员: 冯楚德　　研究员,中科院上海硅酸盐研究所　　200050

　　　侯立松　　研究员,中科院上海光机所　　201800

　　　王　鸿　　教授,上海大学　　200072

　　　蒋雪茵　　教授,上海大学　　200072

导师: 夏义本　　教授,上海大学　　200072

评阅人名单:

    侯立松   研究员,中科院上海光机所   201800

    冯楚德   研究员,中科院上海硅酸盐研究所   200050

    王向朝   研究员,中科院上海光机所   201800

评议人名单:

    吴谊群   研究员,中科院上海光机所   201800

    孟中岩   教授,上海大学   200072

    桑文斌   教授,上海大学   200072

    张建成   教授,上海大学   200072

答辩委员会对论文的评语

探测器级 CVD 金刚石膜的制备和探测器的研制已成为当今国际前沿课题,也是气体探测器的研究热点. 该论文在这一研究领域中,从 CVD 金刚石膜的制备与性能表征、测试系统的设计与建立到多种辐射探测器的设计与研制都进行了系统研究,获得创新结果. 主要表现在以下几个方面:

(1) 通过研磨硅衬底表面的预处理方法和优化热丝化学气相沉积工艺条件,制备了探测器级(100)定向 CVD 金刚石膜,晶粒尺寸与膜厚的比值高达 50%,远高于国际文献报道;同时通过退火工艺实现了 Cr/Au 双层电极与金刚石膜的欧姆接触;

(2) 利用 PL 光谱测量发现了 CVD 金刚石膜中 1.55 eV 缺陷能级的存在,并指出其可能由$[V_{Si}]^0$中心引起;

(3) 建立了一套辐射探测器通用读出电子学系统——微机多道谱仪,对各类辐射探测材料与器件性能表征有重要的应用价值;

(4) 在国内首次研制了 CVD 金刚石 X 射线探测器和 α 粒子探测器,获得了薄膜微结构与探测器性能之间的内在联系,并制成了微条阵列 α 粒子探测器;

(5) 在国内首次用 CVD 金刚石膜/Si 为基板制成了微条气体室探测器,利用激光掩膜打孔法研制了气体电子倍增器.

该论文条理清晰、数据可靠、分析合理、结论正确、工作量大.作者通过大量的实验研究和理论分析,获得了具有创新性的研究结果,并以第一作者在国内外重要刊物上发表学术论文 20 篇,表现了作者宽广的知识面、扎实的理论基础和较强的独立科研工作能力.

答辩过程中回答问题正确.

答辩委员会表决结果

经答辩委员会无记名投票,一致通过张明龙同学的博士学位论文答辩,并认为这是一篇优秀的博士论文.建议学位评定委员会授予其工学博士学位.

答辩委员会主席：褚君浩

2005 年 3 月 18 日

摘　要

　　CVD 金刚石膜具有优异的电、光、热、机械及抗辐照性能，已成为苛刻环境下工作的辐射探测器首选材料. 探测器级 CVD 金刚石膜的制备和探测器的研制已经成为国际前沿课题. 另外，CVD 金刚石膜在气体探测器中作为微条气体室（MSGC）基板可有效克服基板不稳定性和电荷积累效应，成为当前气体探测器的研究热点.

　　本论文利用金刚石粉手工研磨硅衬底表面的预处理方法和控制热丝化学气相沉积（HFCVD）条件，成功制备出了探测器级（100）定向 CVD 金刚石膜，晶粒尺寸与膜厚的比值达到了 50%，远高于文献所报道的 10%～20%. 详细讨论了 CVD 金刚石膜的光电性能与膜中缺陷能级的关系，首次利用 PL 光谱测量发现了 CVD 金刚石膜中 1.55 eV 缺陷能级的存在，并归之为 Si—O 键有关的 $[Si—V]^0$ 中心产生的零声子发光线（ZPL）或振动带. 采用退火工艺和表面氧化等方法改善了 CVD 金刚石膜质量，并通过 Cr/Au 双层电极实现了与金刚石膜的欧姆接触.

　　设计并建立了 CVD 金刚石探测器和微条气体室探测器的通用读出电子学系统——微机多道谱仪，弥补了国内在此领域的不足. 采用 ANSYS 软件模拟了 CVD 金刚石微条阵列探测器和微条气体室探测器的电场分布，优化了器件设计.

　　成功地研制了 CVD 金刚石 X 射线探测器和 α 粒子探测器，填补了国内空白. 利用 5.9 keV ^{55}Fe X 射线和 5.5 MeV ^{241}

Am α 粒子研究了 CVD 金刚石探测器性能,获得了器件性能与材料质量(特别是金刚石晶粒尺寸)之间的内在联系,研究了"priming"效应对探测器性能的影响. $50 \text{ kV} \cdot \text{cm}^{-1}$ 电场时 CVD 金刚石探测器的典型性能指标为:暗电流 3.2 nA,光电流 16.8 nA(X 射线)和净电流 15.0 nA(α 粒子),信噪比 5.25(X 射线)和 4.69(α 粒子),能量分辨率 16.26%(X 射线)和 25%(α 粒子),电荷收集效率 45.1%(X 射线)和 19.38%(α 粒子)等. 经 β 粒子预辐照后,CVD 金刚石 α 粒子探测器的电荷收集效率提高到了 36.91%. 另外,本论文还在自支撑 CVD 金刚石膜上成功研制了微条阵列 α 粒子探测器,$20 \text{ kV} \cdot \text{cm}^{-1}$ 时电荷收集效率和能量分辨率分别为 46.1% 和 3.9%.

成功地研制了 CVD 金刚石膜/Si 为基板的微条气体室探测器,填补了国内空白. 利用 5.9 keV ^{55}Fe X 射线研究了探测器在不同工作条件下的性能,得到能量分辨率为 12.2% 和上升时间为 ns 量级. 同时,利用激光掩膜打孔法成功研制了气体电子倍增器(GEM),并形成 MSGC+GEM 气体探测器系统,最大计数率可高达 10^5 Hz,能量分辨率 18.2%.

关键词 CVD 金刚石膜,光电性能,微机多道谱仪,CVD 金刚石探测器,微条气体室探测器

Abstract

The outstanding properties of CVD diamond film such as electronic, optical, thermal and mechanical and the high radiation hardness have made it an ideal candidate material for radiation detectors in severe environments. Fabrication of "detector grade" CVD diamond films and development of CVD diamond detectors have been leading edge subjects. Micro-Strip Gas Chamber (MSGC) fabricated on CVD diamond substrate would overcome the charge-up effect and the substrate instability, which has been a hotspot in the research of gas detectors.

In this thesis, "detector grade" (100)-oriented CVD diamond films were successfully grown on Si substrates by manually scratching the Si surface with the diamond powder and controlling the hot-filament chemical vapor deposition (HFCVD) parameters. The ratio of the diamond grain size to the film thickness is high to 50%, much larger than the reported values of 10%~20% in literatures. The optical and electronic performances of CVD diamond film and the defect energy-levels in the film were investigated in detail. We firstly detected the defect energy-level at 1.55 eV by using the PL spectrum and tentatively attributed it to the zero-phonon luminescence line (ZPL) or vibronic band of the $[Si-V]^0$

induced by the Si—O bonds. The film quality was improved
by the annealing process and the surface oxidization. Cr/Au
electrodes were realized ohmic contacts with diamond after
annealing.

A general read-out electronic system, i. e. a computer
assistant multi-channel spectroscopy was designed and set up
for CVD diamond detector and MSGC. ANSYS software was
used to simulate the distribution of the electric field in CVD
diamond micro-strip detector and MSGC and to optimize the
electrode design.

We successfully developed CVD diamond X-ray detectors
and α particle detectors. 5. 9 keV ^{55}Fe X-rays and 5. 5 MeV
^{241}Am α particles were used to measure the performances of
CVD diamond detectors. The internal relationship between
the detector performances and the material quality (especially
the diamond grain size) was obtained and the "priming"
effect was studied to improve the detector performances. At
an electric field of 50 kV $\cdot$ cm^{-1}, many significant results
were achieved, e. g. the dark-current is of 3.2 nA, the
photocurrent of 16. 8 nA (X-rays) and the net-current of
15.0 nA (α particles), the signal-to-noise ratio of 5. 25
(X-rays) and 4. 69 (α particles), the energy resolution of
16.26% (X-rays) and 25% (α particles), the charge
collection efficiency of 45. 1% (X-rays) and 19. 38% (α
particles) and so on. By pre-irradiating CVD diamond α
particle detector with β particles, the charge collection
efficiency was dramatically improved from 19. 38% to

36.91% due to the "priming" effect of the deep trapping centers. CVD diamond micro-strip α particle detector was also advanced on a free-standing CVD diamond film and the charge collection efficiency of 46.1% and the energy resolution of 3.9% were achieved at an electric field of 20 kV · cm^{-1}.

MSGC was successfully developed on CVD diamond film/ Si substrate. The performances of MSGC operating under various conditions were studied by using 5.9 keV ^{55}Fe X‑rays, and the energy resolution of 12.2% and the rise-time in an order of ns were achieved. In addition, we also fabricated Gas Electron Multiplier (GEM) from the Kapton film with a thickness of 50 μm by using a laser masking drilling technique and added it to MSGC. The count rate capacity of 10^5 Hz and the energy resolution of 18.2% were obtained for 5.9 keV X‑rays by the MSGC + GEM gas detector system.

Key words　CVD diamond film, optical and electronic performances, computer assistant multi-channel spectroscopy, CVD diamond detector, Micro-Strip Gas Chamber

目　　录

第一章 前　言

CVD金刚石膜以其优异的电、光、热和机械性能及高的抗辐照强度和物理化学稳定性等在辐射探测领域得到了极大重视,已成为苛刻环境下工作的辐射探测器首选材料. CVD金刚石膜在气体探测器中作为微条气体室基板可以有效克服基板不稳定性和电荷积累效应,成为当前气体探测器的研究重点[1]. 而探测器级CVD金刚石膜的制备[2-3]和CVD金刚石探测器的研制更是一个热点[4-5].

1.1　辐射探测器

辐射探测器的首要任务是粒子或射线(α、β、n、π、μ、X、γ、UV等)通过探测介质时,将其转化为电信号并进行数据采集和处理,从而探测与鉴别粒子. 按工作介质分有气体探测器、液体探测器和固体探测器(如表1.1所示).

表 1.1　辐射探测器的种类

工作介质	探　测　器　名　称
气　体	微条气体室,气体电子倍增器,多丝正比室,正比计数器,漂移室,时间投影室,时间扩展室,气体切伦科夫计数器,单丝计数管,G-M计数器
固　体	半导体计数器,闪烁计数器,原子核乳胶
液　体	液体闪烁计数,液氩量能器,液氩时间投影室,气泡室

目前广泛使用和研究的探测器主要是气体中的多丝正比室、微条气体室和气体电子倍增器,固体中的闪烁体和半导体探测器,而其

他类型已经基本上被淘汰,新型探测器也主要是这几种的延伸和发展.其中半导体中的金刚石探测器和气体中的微条气体室与气体电子倍增器是目前研究热点,特别是由欧洲核子研究中心(CERN)巨额资助的微条气体室研发项目(RD28)[6]及 CVD 金刚石探测器的研发项目(RD42)[7]最引人注目.

1.2 CVD 金刚石膜

金刚石以其最高的硬度、极高的抗辐照强度[8]、物理化学稳定性等其他优异性能(如表 1.2 所列)使其在机械加工、微电子、光学等许多领域有着广阔的应用前景.

表 1.2 室温下金刚石与其他核探测器材料性能比较[9-11]

参　　数	Diamond	Si	GaAs	HgI$_2$	CdZnTe
原子序数 Z	6	14	31/33	80/53	48/30/52
密度 ρ (g·cm^{-3})	3.51	2.33	5.32	6.40	5.9
禁带宽度(eV)	5.5	1.12	1.43	2.13	1.5~2.2
电阻率(Ω·cm)	>10^{11}	2.3×10^5	10^8	10^{13}	10^{11}
介电常数	5.7	11.9	13.2	8.8	10.9
载流子迁移率 μ e	2 100	1 350	8 500	100	1 350
(cm^2·V^{-1}·s^{-1}) h	1 800	480	400	4	120
迁移率-寿命乘积 $\mu\tau$ e	10	38 000	80	100~500	1 000~5 000
(×10^{-6} cm^2·V^{-1}) h	10	13 000	40	40	6
热导率(W·cm^{-1}·K^{-1})	20	1.4	0.54		
击穿电场强度 (V·cm^{-1})	10^7	3×10^5	4×10^5		1.5×10^3
本征载流子浓度 (cm^{-3})	<10^3	1.5×10^{10}	约 10^8		
饱和速度 (km·s^{-1})	220	100	80		
电子-空穴对产生能量 ε (eV)	13.2	3.61	4.2	4.2	4.5

参　　数	Diamond	Si	GaAs	HgI$_2$	CdZnTe
精细离化损失能（MeV·cm^{-1}）	4.69	3.21	5.6		
300 μm 厚度平均产生电荷数	11.85×10^3	32.2×10^3	53×10^3		
法诺因子 F	0.11~0.15	0.085	0.18		0.08
工作温度(K)	<800	77	130(300)	300	300
5.9 keV ^{55}Fe X 射线能量分辨率 FWHM (keV)	0.088	0.136		0.295	1.5
5.5 MeV ^{241}Am α 粒子能量分辨率 FWHM (keV)	143	13.5	16	64.8	
最大灵敏度(μC·R·cm^{-2})	21	88.4		76	64

　　然而天然金刚石价格非常昂贵，而且选择高质量的金刚石难度很大，因此只用于一些极其特殊的场合．另外，天然金刚石杂质浓度和晶格缺陷大，特别是杂质和缺陷分布的不均匀性，以及尺寸小等因素极大地限制了其作为探测材料的应用[12]．近年来随着化学气相沉积(CVD)金刚石方法的成功和不断完善，使制造大面积、低成本、高纯度、低缺陷水平的几乎具有任何形状的金刚石产品成为现实，其性能在很多方面甚至优于天然金刚石，且可通过控制工艺参数获得所需的 CVD 金刚石膜，引起了人们的极大关注[13]，已在金刚石薄膜涂层工具、金刚石热沉基片、场发射显示器件、声表面波器件、纳米金刚石膜等领域得到了广泛的研究和应用[14]，并已成为辐射领域尤其是极端工作环境(如高温、高辐照强度)下的探测器理想材料[15-16]．

　　目前，CVD 金刚石膜的生长方法很多，主要包括[17]：微波等离子体 CVD 法、热丝 CVD 法、燃焰法、电子加速 CVD 法、直流放电等离子体 CVD 法、直流等离子体喷射 CVD 法、电子回旋共振 CVD 法、高频等离子体 CVD 法、激光诱导 CVD 法、空心阴极等离子体 CVD 法等. 在各种 CVD 法中综合指标最好的是广泛采用的微波等离子体 CVD 法和热丝 CVD 法,而后者操作简单、成本低、面积大.

1.3 CVD 金刚石探测器

自 1949 年美国贝尔电信电话实验室 MCKAY 首次利用锗半导体探测粒子以来,半导体探测器引起了世界各国的瞩目. 20 世纪 60 年代起,由于单晶硅拉制工艺的日趋完善,具有较完整晶格结构的低位错或无位错、少数载流子寿命长的硅单晶已能工业生产,为核辐射探测器的制造提供了良好的条件[18]. 而高纯度、高电阻外延硅单晶实现工业规模制造,又为透射式带电粒子 dE/dx 探测器的制造提供了良好的条件,如 Au‐Si 面垒探测器、粒子注入位置灵敏探测器、Si(Li)探测器等其他硅基探测器的性能已达到很高的水平.

半导体探测器是唯一适合于宽能谱同时分析的探测器,因此在高能物理研究、医学和工业等领域得到了广泛的应用. 然而硅基探测器最大的缺点就是低的抗辐照强度[19],在高亮度高能粒子(射线)辐照下将产生漏电流明显增加,电荷收集效率明显降低和辐照损伤严重等问题. 由热激发产生的本征导电性是随温度按指数增加,由于硅的禁带宽度较小,因此由硅材料制造的器件不能工作在高于 150 ℃ 的环境中,无法满足新一代粒子探测领域的高通量、高辐照强度、高温等苛刻环境的要求[20]. 另外,硅探测器的灵敏度依赖于所受的累积辐射剂量,在低剂量下表现为指数降低,而在高剂量下呈现线性衰退. 为保证剂量的精确测量,每 $30 \sim 40$ Gy 剂量辐照后必须进行重新校正[21]. 因此寻找抗辐照性能好且能在高于室温下工作的新型粒子探测器是一个急盼攻克的课题.

与硅相比,金刚石的化学键是最强的,因而其晶格结合牢固,具有强抗辐射能力,即使在大剂量高能粒子的辐照下,其晶格失配也很小;低的原子序数降低了在高能物理实验中的高能级联过程和多重散射,因此与其他材料相比金刚石具有相当低的辐照损伤;金刚石对中子的蜕化截面比硅小 25 倍,有强的抗中子辐射本领;禁带宽度大 (5.5 eV),常温下具有极高的电阻率($>10^{11}\,\Omega\cdot cm$),本征载流子浓度非常低($<10^3\,cm^{-3}$),因此其漏电流相当低,热噪声小,器件可在 500 ℃的较高温度环境下稳定工作,且不需形成 p-n 结和加反向偏压来抑制漏电流,探测器结构简单;介电系数小(5.7),其读出放大器具有较小的输入电容,信噪比高,且在强辐照下噪声电流不会增加;载流子迁移率高(电子: 2 100 $cm^2\cdot V^{-1}\cdot s^{-1}$,空穴: 1 800 $cm^2\cdot V^{-1}\cdot s^{-1}$),其电荷收集时间比硅探测器快 4 倍;击穿电场高($10^7\,V\cdot cm^{-1}$),不用制作反偏 p-n 结就能获得高的载流子饱和速度和高的计数率能力,这样可使器件制备工艺非常简单;热导率在所有物质中是最高的(20 $W/(cm\cdot K)$),是一种最好的热导体,可以保证在高能物理实验中所产生的热量及时散发出去;由于人体肌肉和软组织的等效原子序数(肌肉 $Z\approx7.42$,脂肪 $Z\approx5.9$)与金刚石的原子序数 ($Z=6$)最接近,金刚石对辐射的反应能最好地代表人体受到的损害程度,因此金刚石也是辐射医学领域最好的探测器材料. 所有这些特性(低的辐照损伤、快的电荷收集时间、高的信噪比、高的计数率能力)以及最高的硬度、极好的机械性能、化学稳定性、频率稳定性以及良好的温度稳定性等优异性能,使金刚石成为一种理想的能有效工作于高温下、能高速响应、抗辐照能力强的探测器材料[22-25].

1.3.1　CVD 金刚石探测器存在的困难和研究重点

电荷收集效率 η 和收集距离 CCD 是表征 CVD 金刚石探测器性能的两个最重要参数,它们主要取决于探测器中缺陷浓度和材料本身性质(如载流子迁移率和寿命)等,可见探测器对 CVD 金刚石膜质量要求很高[26].

(1) 任意取向多晶 CVD 金刚石膜是由晶粒在三维方向的无序堆积,因而包含了大量的晶界. 一般来说,晶界是各种缺陷包括杂质最容易聚集的地方,因此薄膜中存在大量的载流子俘获中心(缺陷和杂质).载流子在外加偏压下的输运将受到晶界的强烈散射,导致载流子迁移率和寿命的降低,减少了器件可收集到的信号,所以电荷收集效率和能量分辨率较低,响应不均匀,电荷收集距离有限.(100)取向CVD金刚石膜在近衬底边金刚石晶粒较小,但整个金刚石膜层有明显的柱状结构,有利于减少晶界密度和提高薄膜质量.

(2) CVD金刚石膜禁带宽度大,因而在金刚石中激发电子-空穴对所需的平均能量要显著大于锗、硅等材料,由激发所产生的平均电离信号,与相等厚度的硅相比要小两倍.探测器灵敏度低的缺点可通过电路来改进,这样它在特殊环境,如高能物理、空间探测和高温环境等领域与硅相比就有了突出的优点和竞争优势.

(3) 在接受辐照时,由于晶粒内载流子俘获中心的钝化,即极化效应,从而使探测器性能不稳定.利用β粒子等对CVD金刚石探测器进行预辐照,填充载流子俘获中心,使探测器处于"priming"状态,这种"priming"效应能维持相当长时间,不但可提高器件的工作稳定性,尤其可大大提高探测器的电荷收集效率和收集距离CCD.

1.3.2 CVD金刚石探测器的应用

(1) 高能物理实验装置中的应用[27].

CVD金刚石探测器当前最广泛的应用是用作重粒子加速器中的重粒子探测部件,以及涉及重粒子物理实验系统的部件.在LHC上的物理实验将处理更高通量的高能粒子,传统采用的硅探测器已不能满足要求,CVD金刚石探测器的研制成功,有望满足高能物理实验装置的要求.

(2) 空间带电粒子测量的应用[28].

测量空间带电粒子是航空航天、军事和物理学中一个重要的课题,美国和欧洲等发达国家投入大量的资金建设太空站,提高追踪带电粒子的核心元件寿命对降低空间站运行和维修成本有重要意义.Ge探测器或HgI_2探测器都不具备很强的抗辐照能力.金刚石的原子半径很小,降低了与带电粒子作用时的级联散射和多重散射,具有很强的抗辐照能力.同时CVD金刚石探测器在强辐照条件下噪声也很小,所以在空间带电粒子测量的应用也成为科学家们研究的热点.

（3）地震预报的应用[29].

俄罗斯科学家们发现,在地震发生的前两天,地壳深处的中子辐射量突然增加.但由于地壳深处温度通常在 300 ℃ 以上,硅探测器在如此高温下会由于材料内部杂质原子的电离而失效.CVD 金刚石探测器为简单的 MDM 结构,可在高温下安全工作,同时具备良好的抗化学腐蚀和抗辐照能力,有望在探测中子、预报地震方面获得广泛的应用.

（4）辐射医学中的应用[30].

研究辐射对人体组织的损伤是医学领域的重要课题.金刚石是一种组织等效材料,这在生物组织吸收剂量的测量中特别重要,低能 γ 或 X 射线（<150 keV）在生物组织中沉积的能量依赖于材料的原子序数,因此辐射吸收剂量单位（Gy）或等效剂量（西弗特）对组织和金刚石基本上是相同的.所以 CVD 金刚石探测器在辐射医学上的应用也是当前研究的热点.

（5）核技术中的应用[31].

人们希望有一种核辐射探测器在室温环境下对 γ 射线的测量或监测既具有较高的探测效率,又有较好的能量分辨.而目前用于 γ 射线探测器和 γ 射线能谱分析的核辐射探测器,相对地说,Si 探测器的效率太低;Ge 探测器必须在 77 K 的低温下工作;Na(Tl)闪烁探测器必须与光电倍增管一起使用,效率虽高,但能量分辨较差.为此,人们致力于获得能量分辨比 Na(Tl)闪烁探测器好、能在室温环境下工作的探测器.金刚石由于其禁带宽度大（5.5 eV）,有望实现室温下工作的辐射探测器.

1.4 微条气体室探测器

由气体放电的研究而导致了电子的发现,至今已有百年.21 世纪初,由 Z. Rutherford 和 H. Geiger 发明了单丝气体计数管后,又由

Geiger-Muller 研制出 G - M 计数管,从此,以气体电离为基本原理的探测器在放射性测量中得到了广泛的应用. 1968 年,G. Charpak[32]首次发明了多丝正比室(Multi - Wire Proportional Chamber, MWPC),使气体探测器发生了革命性的变化. 由于其位置分辨的特性,而被广泛应用到各种辐射测量中,成为粒子物理实验研究的主要工具之一. 为此,Charpak 获得了诺贝尔物理奖. 以后由于各种不同的实验和应用的需要,不断发展出了具有多丝室原理的不同类型气体探测器,如漂移室、时间投影室等. 同时,不断扩展到其他领域,如中子照相、γ 照相、X 成像等.

虽然,MWPC 表现出了很多优点:敏感范围大、无辐照损伤、气体增益高、噪音低、时间分辨好、信噪比高、动态范围大等,但由于本身结构和制作工艺上的限制,探测器性能无法进一步提高,已经受到了物理实验发展的严重挑战. 为了克服 MWPC 的局限性,1988 年,A. Oed[33]在 MWPC 的基础上,将现代光刻和微加工技术引入探测器研制中,提出了一种新型的位置灵敏探测器,称为微条气体室(Micro-Strip Gas Chamber,MSGC). 对探测器结构进行了改进,使丝间距缩小,强度增加,从而提高了探测器计数率能力、气体增益、空间和时间分辨率等,使气体探测器的发展进入了崭新的高潮.

由于 MSGC 具有好的位置分辨率、高的计数率能力、快的响应时间和好的能量分辨率,得到了人们广泛的关注. 特别是由欧洲核子研究中心(CERN)资助的微条气体室的研究和开发项目(RD - 28),近年来取得了重大的进展. 目前 MSGC 达到的典型指标和优点为[34-36]:(1) 探测面积:10 cm×10 cm;(2) 空间分辨:微条间距为 200 μm 时,空间分辨率为 30 μm;(3) 能量分辨:在整个探测器灵敏区域内均具有能量分辨,对于 5.9 keV 的 X 射线能量分辨率为 10.7%;(4) 时间分辨:上升时间<8.5 ns;(5) 气体增益:$10^3 \sim 10^5$;(6) 计数率能力:$\geqslant 10^6$ Hz;(7) 探测效率:约 98%;(8) 探测面积大,可达 10 cm×10 cm;(9) 与 MWPC 相比,工作电压低;(10) 制作成本相对较低,300 美元/个;(11) 气体探测器具有无辐射损伤探测;(12) 气体探测

器本身具有内部放大功能. MSGC 以其独特的优点,在实验上得到了初步应用,成为新一代高能物理实验中高分辨率和高计数率径迹探测器的候选者,并正在发展用于 X 射线和中子成像探测器.

1.4.1 微条气体室探测器存在的困难和研究重点

微条气体室探测器的性能主要与探测器几何形状、基板材料、电极、工作气体和工作电压等因素有关[37]. 阴阳极间距越大,工作电压越大,则气体增益越大,但空间电荷积累效应也大,同时工作电压大,电极稳定性也受到限制. 因此,探测器参数的设计对其性能的要求是一个矛盾的折中. 目前主要的困难是:

(1) 放大倍数的短期稳定性问题:在开始工作的几秒或几小时内会出现放大倍数下降的现象,尤其在高计数率情况下更为突出. 主要是在基板上空间电荷积累和放电引起的.

(2) 增益的长期稳定性问题:探测器在高计数率、高辐照剂量下长期工作时增益下降. 主要因素有工作气体、电极材料、基板和器件制备过程中引入的杂质.

(3) 提高在安全工作电压下的气体放大倍数,以实现对最小带电粒子(MIP)的高效率探测. 对于 MSGC,在绝缘基板表面击穿之前最大增益可达到 $10^3 \sim 10^4$,但在这样的增益下,探测气体初始离化产生信号非常困难,因此必须设法提高在安全工作电压下的气体放大倍数.

微条气体室基板是决定探测器性能最关键的因素,而基板电阻率是其中最重要的参数,选择合适的基板,可以有效克服在高辐照剂量、高计数率条件下电荷积累和基板不稳定性[38]. 世界上很多实验室都对此进行了大量的研究,根据经验[39],20 ℃ 下电阻率在 $10^9 \sim 10^{12} \Omega \cdot cm$ 间最佳. 类金刚石(Diamond Like Carbon, DLC)薄膜[40]和 CVD 金刚石薄膜[41]以其优异性能,尤其电学性能、高抗辐照强度、热学性能和物理化学稳定性等,完全满足 MSGC 对基板的要求,具有诱人的发展前景,其电阻率可以通过调节工艺参数很方便地控制在

$10^9 \sim 10^{12} \Omega \cdot cm$. CERN-PPE-GDD 工作组与瑞士两家公司合作采用在绝缘基板上镀 100 nm 厚、具有理想电阻率的类金刚石膜和 CVD 金刚石薄层，并进行了一系列的实验，电阻率具有优良的时间稳定性，探测器可达到的性能也大大超过了物理学的要求．

另外，研究者们引入气体电子倍增器（Gas Electron Multiplier, GEM）[42]作为 MSGC 初级放大，由于 GEM 的增益，MSGC 自身的增益和工作电压可降低，从而避免放电引起探测器损坏，而放电现象是目前气体雪崩放大微结构探测器所面临的最严重的问题．此外 GEM 本身就具有强的防放电损伤能力．GEM 的引入，使复合气体探测器（MSGC＋GEM）的气体增益提高 2～3 个数量级，同时可以有效防止放电现象的发生．

1.4.2　微条气体室探测器的应用

微条气体室探测器由于好的位置分辨能力、时间分辨能力和计数率能力，可作为 LHC 上的 CMS[43]和 HERA - B[44]同步辐射实验、高能粒子物理实验中的粒子径迹探测器[45]，小角度 X 射线散射 SAXS 或大角度 X 射线散射 WAXS 的同步辐射中的 X 射线成像探测器[46]，晶体衍射实验、中子和 γ 照相及核医学中的成像探测器[47-48]等．

1.5　立题依据及课题意义

1.5.1　探测器级 CVD 金刚石膜的制备及光电性能研究

CVD 金刚石膜的多晶特性使晶界处含有大量的氢和非金刚石相，且晶粒内也含有氢和其他杂质（N，O，Si 等），这些杂质和缺陷在金刚石 5.5 eV 禁带内引入了中间能级，它们既充当施主或受主，又是陷阱或复合中心，从而影响了 CVD 金刚石膜光电性能，限制了其在光电领域的应用．

如何改进生长工艺，获得高质量特别是探测器级 CVD 金刚石膜已成为当前 CVD 金刚石膜研究课题中的重点.通过 CVD 金刚石膜光电性能的研究来描述其能带结构也是一个国际前沿课题和急于攻克的难点.能带结构的研究将从本质上探索 CVD 金刚石膜工艺参数和性能之间的关系,从而更好地控制工艺参数来获得高质量 CVD 金刚石膜,从理论上解释 CVD 金刚石膜光电性能,从而更好地理解 CVD 金刚石探测器的工作原理并改善其性能.

1.5.2 CVD 金刚石探测器

传统的硅探测器由于较低的抗辐照强度等问题,无法满足新一代粒子探测领域的高通量高辐照强度等苛刻环境的要求.因此寻找抗辐照性能好且能在高于室温下工作的新型粒子探测器是一个急盼攻克的课题.

CVD 金刚石探测器具有许多独特优点:室温工作、高速响应、强抗辐照能力,能承受极高通量粒子(射线)辐照,有望工作于目前商业化硅探测器无法胜任的极端环境.因而,近年来在国际上得到了广泛重视,已成为当前辐射探测器研究的国际科技前沿课题,并正发展应用于高能粒子和重粒子物理研究、航天科技、医学、核废物处理、军事和地震预报等多个领域.欧洲核子研究中心(CERN)资助的由多国专家组成的 RD42 研发小组从 1994 年起投入巨资研究 CVD 金刚石粒子(射线)探测器,取得了重要进展,但技术资料完全处于保密.因此开展该项目的研究具有重要的理论意义和广阔的应用价值,有望实现 CVD 金刚石膜在辐射探测领域中的突破,填补国内在此领域中的空白.

1.5.3 微条气体室探测器

在第三代同步辐射装置上有可能实现具有时间分辨的 X 射线衍射实验和各种成像实验,研究 ms 水平或更短时间下系统的动态行为,要实现具有时间分辨的成像实验或衍射实验,需要具有高空间分辨能力和高时间分辨能力的辐射成像探测器.但是,目前还缺少能全面满足要求的探测器,世界上许多实验室正在研究发展中.

国内现状:上海同步辐射用的各种新型探测器及其数据获取系统处在预制研究阶段,具有高空间分辨能力和高时间分辨能力的辐射成像探测系统还属空白.

国外现状:微条气体室自 1988 年提出后,已经引起了人们的极大兴趣,特别是 CERN 巨额资助的微条气体室研发项目(RD28)近年来取得了一系列重大成果. 目前,MSGC 已在实验上得到初步应用,成为新一代高能物理实验中高分辨和高计数率径迹探测器的候选者,并正在发展用于 X 射线成像探测器.但在研究中也发现了一些问题,主要是电荷积累效应引起的不稳定性和气体增益减小.

选择合适的 MSGC 基板(如 CVD 金刚石膜等)可以有效克服这些问题,MSGC 的成功研制将填补国内在此领域中的空白,具有重要的理论意义和实用价值.

1.6 本论文研究内容

本论文利用热丝化学气相沉积(HFCVD)法制备探测器级(100)定向 CVD 金刚石膜,并利用光电性能探讨了 CVD 金刚石膜中的缺陷能级. 建立了辐射探测器读出电子学系统——微机多道谱仪,研制并测试了 CVD 金刚石 X 射线探测器、CVD 金刚石 α 粒子探测器、CVD 金刚石微条阵列 α 粒子探测器、CVD 金刚石膜/硅为基板的微条气体室探测器和气体电子倍增器.

第二章通过金刚石粉手工研磨硅衬底表面的预处理方法和控制热丝化学气相沉积(HFCVD)工艺条件,制备了探测器级(100)定向 CVD 金刚石膜. 讨论了沉积条件和退火工艺对薄膜光电性能的影响,利用光电性能研究了 CVD 金刚石膜中的缺陷能级,并探讨了其可能来源.

第三章设计并建立了 CVD 金刚石探测器和微条气体室探测器的通用读出电子学系统——微机多道谱仪.

第四章主要通过退火工艺和表面氧化等方法改善 CVD 金刚石膜质量,并采用 Cr/Au 双层电极和退火工艺实现了与金刚石的欧姆接触,研制出 CVD 金刚石探测器. 利用 5.9 keV ^{55}Fe X 射线和 5.5 MeV ^{241}Am α 粒子研究了 CVD 金刚石探测器性能,获得了器件性能与材料质量(特别是金刚石晶粒尺寸)之间的内在联系,研究了 "priming" 效应对探测器性能的影响. ANSYS 软件模拟了 CVD 金刚石微条阵列探测器的电场分布,研制并测试了 CVD 金刚石微条阵列 α 粒子探测器.

第五章制备了两种 MSGC 探测器基板:类金刚石(DLC)膜/D263 玻璃基板和 CVD 金刚石膜/Si 基板,并在 ANSYS 软件模拟结果的基础上,以 CVD 金刚石膜/Si 为基板研制了 MSGC 探测器,同时,利用激光掩膜打孔法研制了气体电子倍增器(GEM),并形成 MSGC+GEM 探测器系统改善 MSGC 探测器性能,利用 5.9 keV ^{55}Fe X 射线分析了探测器在不同工作条件下的性能.

第六章对整个研究工作(包括探测器级(100)定向 CVD 金刚石膜的生长、CVD 的光电性能、探测器读出电子学系统、CVD 金刚石探测器及微条气体室探测器等)的归纳总结.

第二章　CVD 金刚石膜的制备及光电性能研究

本章通过金刚石粉手工研磨硅衬底表面的预处理方法和控制热丝化学气相沉积（HFCVD）条件，成功制备了探测器级（100）定向CVD金刚石膜，晶粒尺寸与膜厚的比值达到了50%. 讨论了沉积条件和退火工艺对薄膜光电性能的影响，并利用红外椭圆偏振光谱（IRSE）、室温 Raman 和 PL 光谱、红外透射光谱（FTIR）、光电流（PC）谱和热致电流（TSC）谱等手段研究了 CVD 金刚石膜中的缺陷能级，并探讨了其可能来源，初步提出了宽禁带 CVD 金刚石膜的能带结构. 首次利用 PL 谱测量发现了 CVD 金刚石膜中 1.55 eV 缺陷能级的存在，并对其可能来源进行了探讨.

2.1　引言

金刚石以其优异的性能，如最高的热导率、最高的机械强度、高的禁带宽度和电阻率、高的抗辐照强度、高的载流子迁移率和速度、低的介电常数等，已经成为微电子领域中寄生元件和电子器件中有源元件、光学及辐射探测器领域的最理想材料，尤其是高温工作领域的应用[49]. 但天然金刚石由于价格昂贵、再生性差、体积小、杂质浓度和晶格缺陷大及成分不均匀性等方面的因素，严重制约了其实际应用. 近年来，随着化学气相沉积（CVD）技术的发展，人工合成金刚石薄膜的质量得到了很大的提高，沉积具有优良电子学性能的多晶金刚石薄膜[50]，甚至生长单晶金刚石都已成为可能[51]. 目前，已可制备出高纯度、低缺陷水平的几乎具有任何形状的大面积 CVD 金刚石膜，其性能在很多方面（如光电性能）甚至优于天然金刚石.

　　但 CVD 金刚石膜还没有实现真正意义上的电子器件,主要因为器件领域的应用需要高质量的材料,也就是要严格控制影响薄膜质量的衬底处理和生长参数. 因此,CVD 金刚石膜电学性能表征及如何生长高质量薄膜已成为一个急于攻克的难题. 人们已经利用很多方法研究 CVD 金刚石膜的电学性能,但很少有人报道电学性能对频率的依赖性[52],也就是电学的动态性能.

　　天然金刚石和人工合成金刚石是单晶结构的宽禁带半导体,300 K 下具有 5.5 eV 的禁带宽度和清晰的电子学性质. 而 CVD 金刚石膜大多数是异质生长在晶格失配的衬底上,如硅、碳化硅和各种金属等,从而导致多晶结构特性. 作为一种宽禁带半导体,CVD 金刚石膜的光学和电学性能主要由本征缺陷和外掺杂剂或杂质所决定[53]. 本征缺陷来源于单空位和空位簇,它们主要是晶界所引起的. 由于 CVD 金刚石膜的多晶特性,在沉积过程中前驱体(反应气体)产生的终端氢和非金刚石成分往往都富集在晶界处,使得晶界处性能恶化. 非金刚石成分来源于氢和其他一些杂质原子,如 N、O、Si、B、P 等,也包括不同的结构缺陷和非金刚石碳. 这些缺陷将在宽禁带的 CVD 金刚石膜中引入中间能级,因此不论它们是充当施主或受主,还是作为陷阱或复合中心,都强烈地影响了 CVD 金刚石膜的光学和电学性能[54]. 其中最明显的效果是原子氢可使金刚石体电阻率降低到 $10^5 \sim 10^6 \, \Omega \cdot cm$,而不含氢的金刚石电阻率一般可高达 $10^{12} \sim 10^{13} \, \Omega \cdot cm$[55]. 有人利用 CVD 金刚石膜的光电性能,试图描述其能带结构,但由于 CVD 技术和 CVD 金刚石膜的多样性与不确定性,这方面的工作还刚刚开始,已经成为一个国际前沿课题.

　　本章主要制备了探测器级(100)定向 CVD 金刚石膜,详细讨论了不同质量和微结构的 CVD 金刚石膜退火前后的光电性能,并利用光电性能研究了 CVD 金刚石膜中的缺陷情况,在此基础上探讨了 CVD 金刚石膜的能带结构.

2.2 实验

2.2.1 热丝化学气相沉积(HFCVD)金刚石膜

1. FCVD 实验装置

我们采用如图 2.1 所示的热丝化学气相沉积设备,钽丝 5 作为加热源,其输出功率连续可调,最大可达 8 kW. 丙酮和氢气为反应物,氢气流量由质量流量计 11 和 12 控制. 将装有丙酮的鼓泡瓶 3 置于冰水混合液恒温槽 4 中以保持温度恒定,氢气通过鼓泡瓶 3 携带丙酮组成了一路进气单元,通过鼓泡瓶 3 的氢气流量由质量流量计 12 控制为 20～60 sccm. 另一路氢气直接通入沉积室,同时通过质量流量计 11 控制其流量为 100～300 sccm. 在反应室的后部连接一个减压阀门 10 以维持反应室的气压的稳定,气压计 14 测得反应压强. 为了解反应腔体内衬底的温度,将热电偶 8 埋于衬底 6 下方,并通过控温仪 13 稳定衬底温度在 ±10 ℃之间. 实验过程中通过 18 对衬底施加偏压.

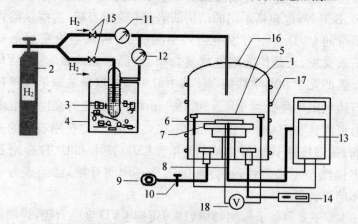

图 2.1 HFCVD 实验装置示意图:

1. 反应室,2. 气体,3. 丙酮,4. 恒温槽,5. 钽,6. 衬底,7. 试样台,
8. 热电偶,9. 真空泵,10. 减压阀,11. 质量流量计,12. 质量流量计,
13. 控温仪,14. 气压计,15. 阀门,16. 钟罩,17. 冷切水,18. 偏压装置

　　HFCVD 方法中采用钽丝作为加热源,但钽丝的表面往往有氧化层及其他杂质,且钽受热后也容易挥发,如直接使用会造成对衬底的污染,所以对钽丝的预处理是十分必要的. 通常先用砂皮将钽丝表面打磨干净,然后通入氢气和丙酮加热预处理约 30 min. 这样不仅去除了钽丝表面的氧化层杂质,还在钽丝表面形成了一层碳化物覆盖层,以抑制后续过程中钽的挥发,减少杂质的引入.

2. 典型工艺条件

　　在生长金刚石薄膜之前将硅衬底放在金刚石粉末($1 \mu m$)丙酮悬浮液中超声研磨 30 min,而后再用去离子水漂洗干净,烘干备用. HFCVD 法生长金刚石薄膜可分为两个阶段:(1)成核期:为提高金刚石在硅衬底上的成核密度,可在衬底和钽丝间加合适的偏压,同时适当提高丙酮浓度和降低衬底温度;(2)生长期:严格控制丙酮浓度和衬底温度,沉积出质量较好的金刚石薄膜. 具体实验条件见表 2.1 所示.

表 2.1　HFCVD 法在硅上沉积金刚石薄膜的典型实验条件

沉 积 参 数	偏压成核期	生 长 期
丙酮流量(sccm)	40~80	10~40
系统压力(kPa)	约 4	2~5
钽丝温度(℃)	约 2 200	约 2 400
偏压(V)	约 −50	0
时间(h)	0.5~1	10~200
氢气流量(sccm)	800	800
衬底温度(℃)	700~750	780~900

3. 热丝几何参数的讨论

　　在 HFCVD 方法中,温度场的均匀性对金刚石薄膜的沉积是十分重要的. 热钽丝通过热辐射、热传导和热对流对衬底表面加热,因此热丝的温度、间距及热丝与衬底间的距离也直接决定了衬底温度和温度均匀性,从而对所得金刚石薄膜的应力、质量以及均匀性等性质产生影响. 我们根据 HFCVD 法制备金刚石薄膜工艺中热丝与衬底之间的几何条件,建立了热传递模型和方程. 利用计算机辅助的数值解方法给出衬底温度和衬底表面的能量密度随热丝数量及热丝与衬底间距不同而变化的分布曲线.

(1) 钽丝数量的影响

HFCVD 法中等离子体主要是由灯丝热解产生的,由于灯丝温度不很高,导致产生的等离子体电子浓度、温度均很低,考虑沉积气氛中的主要气体为氢气,$U_i = 11.2\,\text{V}$,$P = 3\,\text{kPa}$,灯丝温度 $T = 2\,500\,\text{K}$,由沙哈(Saha)的热电离方程式[56]可求出灯丝处的电离度 $x_i = 3.43 \times 10^{-10}$,中性粒子浓度 $n_n = 9.0 \times 10^{16}\,\text{cm}^{-3}$,电子浓度为 $n_e = 2.7 \times 10^{7}\,\text{cm}^{-3}$. 由此可见,即使考虑热钽丝的热电子发射(2 500 K 时,计算值为 $4.5 \times 10^{3}\,\text{A/m}^2$),钽丝在衬底表面产生的电子浓度仍然很低. 因此超平衡原子氢和其他活性粒子不是来源于等离子体中电子与中性粒子的碰撞,而是热丝的分解.

由数值计算可知,钽丝数量 N 对衬底表面温度和辐射能量密度的影响如图 2.2 和图 2.3 所示,其中钽丝与衬底间距离 $L = 8\,\text{mm}$. 由

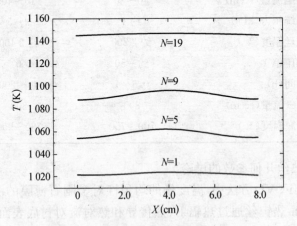

图 2.2 衬底温度随热丝数量的分布曲线

图 2.2 中衬底温度分布曲线可见,随热丝数量从中心向两边增加,衬底温度明显提高,当热丝较集中在衬底上方中心区域时,衬底中心温度与边缘温度相差较大. 当热丝均匀分布在衬底上方时,衬底温度分布就较为均匀. 因此,在实验中一般采用将 N 根热丝均匀分布固定在衬底上方. 由图 2.3 中能量密度分布曲线可见,随热丝数量向两边增加,衬底表面上的能量密度明显增加,而且能量密度随位置分布的均匀性范围也随之增大.

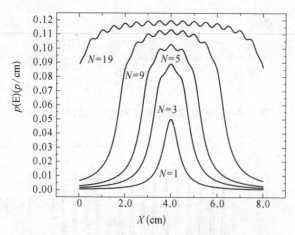

图 2.3 衬底表面能量密度随热丝数量的分布曲线

(2) 钽丝与衬底间距的影响

N 根热丝组成的平面与衬底间距离对衬底表面温度和辐射能量密度影响的计算结果如图 2.4 和图 2.5 所示,计算过程中取 N=19.

由图 2.4 中衬底温度分布曲线随间距变化规律可见:随热丝与衬底间距的增加,衬底温度普遍下降,而且中心与边缘的温差加大. 反之,间距减小衬底温度上升,温度分布趋于均匀,这与实际情况相符. 由图 2.5 中衬底表面辐射能量密度分布曲线随间距变化规律可见:当热丝与衬底间距较小时,衬底表面的能量密度随热丝呈周期性起伏变化,而且间距越小这种起伏的幅度就越大. 当间距较大时,这

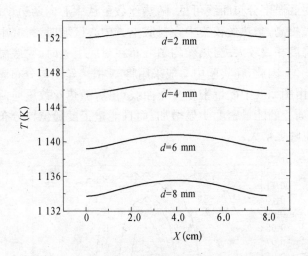

图 2.4　衬底温度随热丝与衬底间距的分布曲线

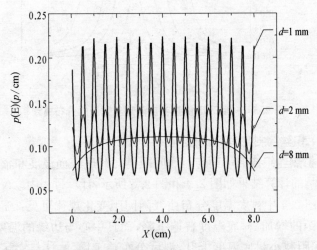

图 2.5　衬底表面能量密度随热丝与衬底间距的分布曲线

种能量密度分布随间距增加趋于均匀.

　　由以上讨论可知：HFCVD 法生长金刚石薄膜系统中热丝参数

(热丝数量和热丝与衬底间距)的影响是：1) 衬底温度的分布随热丝数量的增加趋于均匀,而随热丝与衬底间距的增加,中心与边缘的温差变大,整个衬底的温度下降;2) 能量密度分布随热丝数量的增加趋于均匀,随热丝与衬底间距的增加趋于均匀. 要使衬底温度和衬底表面能量密度同时趋于均匀,必须尽量提高热丝数量,同时适当调节热丝与衬底间距.

2.2.2 CVD 金刚石膜制备[57]

通过改进生长工艺,制备高质量 CVD 金刚石膜已成为金刚石实际应用的重点,尤其是在光学和电子学领域的应用. 我们提出了在较低温度下硅衬底上快速制备探测器级(100)定向 CVD 金刚石膜的方法,即通过金刚石粉手工研磨硅衬底表面和控制适当的沉积条件.

通过控制 HFCVD 工艺参数,在 p 型(100)硅衬底(电阻率：4～7 Ω·cm)上获得了 4 个具有不同微结构的大面积 CVD 金刚石膜样品,面积 20 mm×20 mm. HFCVD 装置使用 8 根直径 0.5 mm、长度 15 cm 的钽丝作为加热源,钽丝与衬底距离保持在 8 mm,可在 $\phi4'$ 硅衬底上生长出均匀的金刚石薄膜. 硅衬底 SA 在 1 μm 的金刚石粉丙酮悬浮液中超声浴 15 min,而硅衬底 SB、SC 和 SD 利用 1 μm 的金刚石粉水混合液手工研磨 5 min,然后四个硅衬底用去离子水超声清洗干净并烘干. 反应总气压保持在 4.0 kPa,衬底温度稳定约为 680 ℃,其他条件如表 2.2 所示. 典型的沉积速率为约 1 μm·h^{-1}.

表 2.2　HFCVD 沉积参数(衬底预处理和生长条件)

样 品	衬底预处理	丙酮：氢气	衬底偏压/电流
SA	超声浴	1.3%	90 V/4 A
SB	手 磨	1.6%	90 V/4 A
SC	手 磨	1.6%	75 V/3 A
SD	手 磨	1.3%	90 V/4 A

2.2.3　CVD 金刚石膜样品处理

为了检测所沉积 CVD 金刚石膜的均匀性,我们利用光学显微镜观察了四个 CVD 金刚石膜样品(SA、SB、SC 和 SD)不同位置(如图 2.6 所示)上的表面形貌,如图 2.7 所示. 其中 1,2,3 和 4 分别表示 20 mm×20 mm 样品对角线上的点,1 为中点,2 为对角线上距离中点 1 为 4 mm 的位置,3 距离中点 1 为 8 mm,4 距离中点 1 为 12 mm. 从图 2.7 可知,四个样品在整个面积上都具有非常均匀一致的表面形貌. 因此,为了进行不同目的的 CVD 金刚石膜结构和性能表征,我们将每个样品切割成 4 块,即每块面积 10 mm×10 mm.

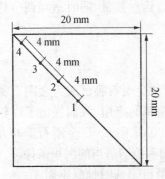

图 2.6　光学显微镜观察点示意图

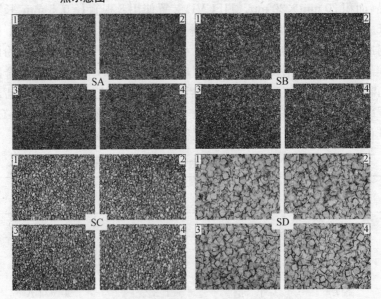

图 2.7　CVD 金刚石膜表面光学显微镜形貌图

为了研究薄膜的电学性能,首先在四个不同的 CVD 金刚石膜中各取一块放入浓 $H_2SO_4+50\%$ H_2O_2 溶液中化学处理 30 min,去除表面非金刚石相和污染物,降低表面漏电流.接着在薄膜生长面依次热蒸发 50/150 nm 厚的 Cr/Au 双层顶电极,硅衬底除了作机械支撑外同时用作背电极,从而形成 Au/Cr-diamond-Si 的三明治结构器件,顶电极通过掩膜法获得直径为 1 mm 的圆形电极.器件制备完后,在 450 ℃ Ar 气气氛中退火 45 min,以提高电极接触性能.

从样品的光学显微镜照片和下面的实验结果可知,CVD 金刚石膜样品 SD 具有最高的质量,因此取它的两块样品进行薄膜光电性能的研究.样品 1 通过 HF+HNO_3 浓溶液在室温下化学腐蚀 30 min,完全去除硅衬底后获得自支撑 CVD 金刚石膜.两个样品(样品 1:自支撑 CVD 金刚石膜;样品 2:有硅衬底 CVD 金刚石膜)室温下在 $H_2SO_4+HNO_3$ 浓溶液中浸泡 30 min,氧化刻蚀表面石墨和其他一些非金刚石成分,并且使表面 O 饱和,改善薄膜表面性能.接着,500 ℃ Ar 气气氛中退火 1 h 进一步提高薄膜质量.为进行电子学实验,样品 2 制备成三明治结构(metal-diamond-Si)研究光电流(PC)和热致电流(TSC)特性,其中金属电极为 Cr/Au 双层电极,厚度 50/150 nm,直径 1 mm.为获得欧姆接触,电极制备后将器件在 450 ℃ Ar 气气氛中退火 45 min.

2.2.4 仪器设备

1. 日本电子 JEOL JSM-6700F 型场发射高分辨扫描电子显微镜(SEM)、日本日立公司 S-4200 型 SEM.

2. 美国 AP-990 原子力显微镜(AFM)分析样品表面形貌.

3. 日本理学株式会社 Max-2000 型微区转靶 X 射线衍射仪(XRD)进行样品结构分析,参数:Cu k_α 线,工作电压 40 kV,工作电流 30 mA,广角连续扫描检测 2θ:20°～150°.

4. 法国 Jobin-Yvon 公司 HR800 型共焦显微拉曼光谱仪表征 CVD 金刚石膜中的非金刚石相,室温下使用半导体激光线测量了 1 000～7 000 cm^{-1} 的 Raman 和 PL 光谱,光斑直径 2 μm,脉冲激光波长 532 nm(2.33 eV),频率 5 kHz,功率 0.12 W,探测器为 CCD,积分时间 10 s,次数 50 次.

5. 带有平行 RC 模式的 HP 4192A 阻抗分析器研究了 0.01～6 MHz 频率范围内的薄膜介电性质,信号幅度为 500 mV.

6. Keithley 4200SCS 半导体表征系统测量了室温下金刚石薄膜的 I-V 特性和室温到 750 K 的热致电流(TSC).

7. NS-IRSE-1 型红外椭圆偏振光谱仪测量了金刚石薄膜在红外波段的光学参量.测量工作条件为:波长 2.5～12.5 μm 范围,分辨率 4 cm^{-1},入射角 68°,入射角控制精度优于 0.001°/脉冲,样品准直度优于 0.01°.用 Levenberg-Marquardt 算法与测量数据相拟合,拟合模型为 Si|Diamond|(Diamond＋Void)|Air.

8. 波长 300～800 nm 范围的单色光进行了光电流(PC)测量.

9. FTS-175 型 FTIR 光谱仪测量波数为 2 800～3 100 cm^{-1}的透射光谱.

2.3 结果和讨论

2.3.1 CVD 金刚石膜形貌表征

四个 CVD 金刚石膜的 SEM 照片如图 2.8 所示,它们都显示了典型的微晶和多晶结构特性,晶粒之间存在大量的晶界. SA、SB、SC 和 SD 的晶粒大小分别为 0.5、2、3 和 10 μm. 从生长面的 SEM 形貌图可以看出,样品 SA 基本上显露(110)晶面,具有典型的(110)取向织构;SB 是(100)和(110)方向的混晶,但(100)方向的晶粒明显多于(110)方向,即为(100)取向织构;SC 具有各个方向的晶粒,即为典型的任意取向织构;SD 具有非常均匀平整的(100)晶面,是典型的(100)定向 CVD 金刚石膜.

图 2.9 给出了样品 SA、SB、SC 和 SD 的断面示意图,膜厚基本相同,都约为 20 μm. SD 具有明显的柱状生长结构,即沿着生长面金刚石晶粒不断长大. 而 SA 基本观测不到这种柱状结构,相反,几乎

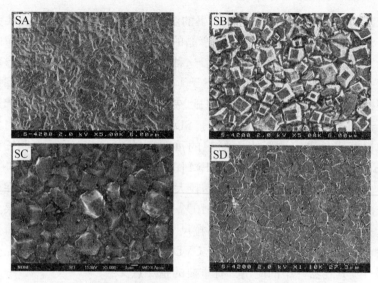

图 2.8 CVD 金刚石膜生长面的 SEM 照片

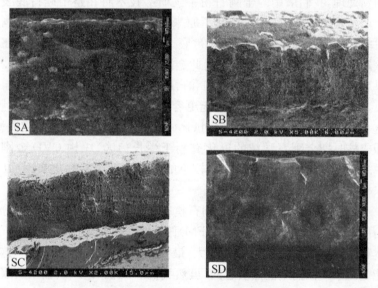

图 2.9 CVD 金刚石膜断面 SEM 照片

在整个生长方向都是由比较细小的金刚石颗粒堆积而成,这主要归因于孪晶的形成,即二次形核,孪晶的形成严重制约了金刚石晶粒的长大,导致表面晶粒尺寸的细化. 这种孪晶现象在图 2.8 的表面形貌图中可以清晰地观察到. SB 和 SC 具有非常类似的断面结构,即都呈现柱状生长结构,但没有 SD 明显,表明金刚石颗粒的长大速度远远低于 SD,其表面晶粒尺寸也小于 SD. CVD 金刚石膜沿沉积方向的生长模式是决定薄膜表面形貌的重要参数,图 2.8 所示的生长面 SEM 图和图 2.9 所示的断面 SEM 图也肯定了这点.

一般来说,CVD 金刚石膜晶粒大小沿生长方向成柱状长大,在生长面平均晶粒尺寸约为膜厚的 $10\%\sim20\%$[58-59]. SB 和 SC 的结果与这一结论相符合,但 SD 表面晶粒尺寸与膜厚的比值达到了 50%,远大于文献所报道的结果,这对于 CVD 技术生长高质量多晶和单晶金刚石及其在器件中的应用具有重要的指导意义.

从薄膜沉积工艺条件来看,这一有意义的结果应该来自硅衬底的预处理,我们采用的金刚石粉手工研磨技术将在整个硅衬底表面上产生均匀的划痕,并且打乱了原来硅衬底的(100)晶形,同时也有更多的金刚石颗粒被镶嵌在硅衬底上,这些划痕和金刚石颗粒在成核期就成为原始的成核中心,因此金刚石薄膜非常容易快速生长.结果也表明 CVD 金刚石膜的取向和衬底表面取向没有必然的关系,相反,衬底表面的任意取向性可能更容易获得(100)织构金刚石薄膜.这一结果有力地支持了 J. J. Schermer 等人[60]提出的梯度退化模型,即成核时期金刚石颗粒的退化有利于生长(100)织构 CVD 金刚石膜. 另外,衬底较大的正偏压和较小的碳源浓度也有利于实现(100)织构 CVD 金刚石膜的生长.

为了进一步描述 CVD 金刚石膜表面形貌,图 2.10 和 2.11 分别给出了样品的原子力显微镜(AFM)俯视和侧视照片,结果与 SEM 基本相同,只是样品 SD 的晶粒更大,最大晶粒可高达 $30\ \mu m$ 以上,这可能是由于不同的观测点引起的. 虽然我们所沉积的 CVD 金刚石膜在整个 $2\,cm\times2\,cm$ 面积上都非常均匀,但 HFCVD 法生长的金刚石晶粒还是会存在一定的差距,一般薄膜中间的晶粒比较大且质量好. 从 AFM 照片的分析获得了薄膜表面粗糙度情况(均方根和平均粗糙度),如表 2.3 所列,表明样品表面都比较平整,粗糙度低于 450 nm,且随金刚石晶粒尺寸的增大而增大.

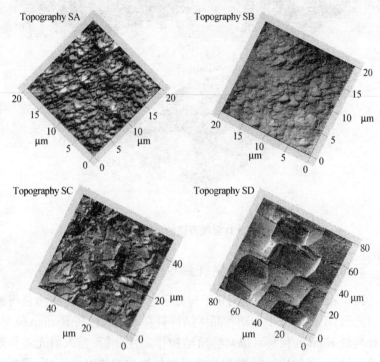

图 2.10 CVD 金刚石膜的 AFM 俯视照片

表 2.3 CVD 金刚石膜表面粗糙度

样　　品	SA	SB	SC	SD
扫描范围($\mu m \times \mu m$)	20×20	20×20	50×50	80×80
均方根粗糙度(nm)	193	281	333	423
平均粗糙度(nm)	153	211	258	322

图 2.11   CVD 金刚石膜的 AFM 侧视照片

2.3.2   CVD 金刚石膜质量和结构表征

Raman 光谱是一种利用光子与分子之间发生非弹性碰撞获得的散射光谱,不同的分子振动和晶体结构具有不同的特征 Raman 位移,因此测量 Raman 位移可以对物质结构作定性分析. 当入射光波长等实验条件固定时,Raman 散射光的强度与物质的浓度成正比,即相对强度可定量分析组分的含量. 四个 CVD 金刚石膜样品的 Raman 光谱(如图 2.12 所示)在 1 332 cm^{-1} 附近都出现了一个非常尖锐的金刚石特征峰(如表 2.4 所示),伴随着非金刚石相引起的 1 400~1 600 cm^{-1} 处的非常弱的宽带和荧光背底[61]. 没有观测到 1 580 cm^{-1} 处的石墨特征峰[62]. Raman 光谱表明所沉积的四个 CVD 金刚石膜都具有较高的质量.

考虑到 Raman 信号对非金刚石碳相的灵敏度是金刚石的约 75 倍,可以利用 Raman 光谱来估计薄膜中非金刚石碳的含量 C_{nd}[63]:

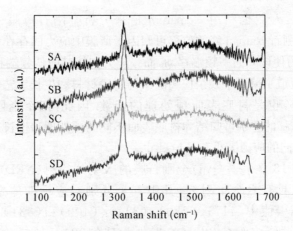

图 2.12 CVD 金刚石膜 Raman 光谱

$$C_{nd} = 1/[1 + 75(I_d/I_{nd})], \tag{2.1}$$

其中,I_d 和 I_{nd} 分别是金刚石和非金刚石相的 Raman 峰强度. 通过 Guass 拟合得到了金刚石峰的半高宽(FWHM)值、金刚石和非金刚石相峰强度,由式(2.1)得到金刚石的含量如表 2.4 所示,可以确定四个 CVD 金刚石膜的质量依次为 SD>SA>SB>SC. 这表明利用金刚石粉对硅衬底表面进行手工研磨,低的碳源浓度和高的衬底偏压等工艺条件有利于生长高质量的(100)定向金刚石薄膜.

表 2.4 Raman 光谱中金刚石峰位置、半高宽及 sp^2 碳和金刚石百分比含量

样 品	峰位置（cm^{-1}）		半高宽（FWHM）（cm^{-1}）		$I_{sp^2}/I_{diamond}$
	金刚石	sp^2 碳	金刚石	sp^2 碳	
SA	1 334.4	1 544.3	11.26	106.41	0.03
SB	1 335.0	1 552.8	11.10	128.95	0.07
SC	1 332.2	1 561.7	13.23	143.79	0.08
SD	1 331.7	1 563.4	10.84	103.8	0.02

另外,人们也利用 Raman 光谱来分析金刚石薄膜中应力状况[64],金刚石 Raman 峰的位移可归因于薄膜中应力的存在和晶粒尺寸,压应力使该峰向高频端移动,而张应力则使其向低频端移动.Kuo 等人[65]报道了薄膜中残余应力除了与衬底材料和生长工艺参数等因素有关外,也是衬底表面预处理的函数.因此,四个金刚石峰的 Raman 位移的差别可归结为衬底表面不同的预处理和生长工艺参数引起的不同的应力大小和晶粒尺寸.

图 2.13 显示了 CVD 金刚石膜的 X 射线衍射(XRD)图.四个样品都只具有六个衍射峰,其中五个分别对应标准体金刚石的 ASTM 索引值中(111)、(220)、(311)、(400)和(331)特征峰,如表 2.5 所示,而在 $2\theta=69.2°$ 处为硅(400)特征峰,主要是由硅衬底引起的,没有探测到石墨等其他特征峰.根据 Bragg 衍射公式:

$$2d\sin\theta=\lambda. \tag{2.2}$$

确定 CVD 金刚石膜材料的晶面间距,如表 2.5 所列出的 CVD 金刚石膜五个 XRD 特征峰的强度和晶格常数,同时也给出了标准金刚石的晶格常数作为参考.

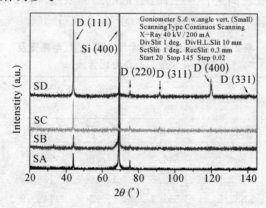

图 2.13　CVD 金刚石膜 XRD 图

表 2.5 金刚石晶格常数 $d(\text{Å, Angstroms})$ 和各方向相对强度

	hkl	111	220	311	400	331
	标准金刚石 d (Å)	2.060	1.261	1.075 4	0.891 6	0.818 2
SA	$2\theta(°)$	43.923	75.361	91.546	119.664	140.583
	晶格常数 d	2.059 7	1.260 2	1.074 9	0.891 0	0.818 2
	峰强度(%)	100	54.4	12.8	4.0	8.1
SB	$2\theta(°)$	44.019	75.405	75.405	119.439	140.3
	晶格常数 d	2.055 4	1.259 5	1.074 9	0.892 0	0.818 9
	峰强度(%)	100	28.3	12.5	12.5	4.2
SC	$2\theta(°)$	43.88	75.222	91.403	119.401	140.522
	晶格常数 d	2.061 6	1.262 1	1.076 2	0.892 1	0.818 4
	峰强度(%)	100	14.9	12.5	6.0	3.0
SD	$2\theta(°)$	43.9	75.3	91.5	119.464	140.684
	晶格常数 d	2.060 7	1.261 0	1.075 4	0.891 9	0.818 0
	峰强度 (%)	100	7.7	4.8	16.5	1.0

　　四个样品的晶格常数与天然金刚石都非常接近,表明薄膜为高质量的金刚石.SD 样品金刚石特征峰的(100)和(111)方向的衍射强度比值 $I_{(100)}/I_{(111)}$ 为 0.165,远大于天然金刚石的 0.07,说明 SD 具有很强的(100)定向特性;SA 样品金刚石特征峰的(110)和(111)衍射强度比值 $I_{(110)}/I_{(111)}$ 为 0.544,远大于天然金刚石的 0.25,表现出很强的(110)取向织构;SB 样品金刚石特征峰的(100)和(111)方向的衍射强度比值 $I_{(100)}/I_{(111)}$ 为 0.125,而(110)和(111)方向的衍射强度比值 $I_{(110)}/I_{(111)}$ 为 0.283,说明具有(100)取向织构,但也含有少量的(110)方向晶粒;而 SC 则完全是任意取向的.

　　另外,XRD 也是测量薄膜应力的一种非常有效的手段,应力的存在引起晶格畸变,使得晶格常数发生变化,薄膜应力可由下式测定[66]:

$$F = \frac{E}{2\sigma}\varepsilon = \frac{E}{2\sigma}\frac{d_0 - d}{d}, \qquad (2.3)$$

其中,E、σ、d_0 分别是薄膜材料的杨氏模量、泊松比和晶面间距(对于金刚石薄膜 $E = 10.5 \times 10^{11} \text{N} \cdot \text{m}^{-2}$,$\sigma \approx 0.22$,(111)面的 $d_0 = 0.206\,0$ nm),ε 为薄膜的应变,F 的正负分别对应张应力和压应力,金刚石薄膜的本征应力由测得的 F 扣除热应力而得到. XRD 进一步肯定了 SEM 和 Raman 光谱的结果.

2.3.3 CVD 金刚石膜红外椭圆偏振光谱的研究[67]

由于金刚石薄膜的光学性能强烈地依赖于制备方法和工艺条件,并表现出明显的离散性. 因此,如何准确、快速测量其光学参量一直是金刚石薄膜研究中的一个重要课题. 椭圆偏振光谱法由于具有较高的精度和灵敏度,而且测试方便,对样品无损伤,在薄膜研究中受到了极大的关注.

2.3.3.1 光学参数拟合模型的确定

对于硅衬底材料而言,可直接采用其相应体材料的文献值作为初始参数. 文中所采用的金刚石膜层除了金刚石相之外基本无其他相存在,且比较厚,故也可直接采用相应的文献值作为初始参数. 但是,由于薄膜的上下表面存在大量的空隙和其他杂质,其光学性质与相应的体材料存在较大的差异,这时就不能直接用它们相应的体材料数据作为初始参数. 目前,在确定这些与体材料结构和组成存在较大差异的特殊层的光学参数时,最常用的方法是等效介质近似方法(Effective Medium Approximation,EMA). 该方法将这些特殊层视为含有不同组分的复合材料,而表现出的光学性质是其所有组分综合作用的结果,可用如下公式概述:

$$\frac{\varepsilon - \varepsilon_h}{\varepsilon + Y\varepsilon_h} = \sum_{j=1}^{m} f_j \frac{\varepsilon_j - \varepsilon_h}{\varepsilon_j + Y\varepsilon_h}, Y = \frac{1}{D} - 1, \qquad (2.4)$$

其中 ε_j 和 f_j 分别表示各组分的介电常数和质量百分比;ε_h 表示主体

材料的介电常数;ε 表示整个材料所表现出的总介电常数;D 为反映薄膜微观结构的退极化因子. 根据对主体材料 ε_h 选取的不同,可将 EMA 方法大致分为三类:(1) Maxwell-Garnet EMA,它将第一种组分作为主体材料,即 $\varepsilon_h = \varepsilon_1$,适用于主体材料完全将其他组分包围的情况,如金属陶瓷合金;(2) Lorenz-Lorenz EMA,它认为空隙是主体材料,即 $\varepsilon_h = 1$;(3) Bruggeman EMA,它将整个介质作为主体材料,即 $\varepsilon_h = \varepsilon$,该方法适合用于表征表面粗糙层和界面过渡层的光学参数. 本节也将采用该方法来计算表面粗糙层和界面过渡层对椭偏数据的影响.

实验中采用 Levenberg-Marquardt 算法对金刚石薄膜参数进行拟合,计算过程中测量值与理论值的拟合程度由该模型对应的均方根误差(RMSE)给出:

$$\text{RMSE} = \left\{ \sum_{j=1}^{n} \left[\, |Y_{\exp_j} - Y_{cal_j}|^2 \times \text{weight}_j \right] \right\}^{\frac{1}{2}}, \qquad (2.5)$$

其中 weight_j 为每一组分的质量百分比.

2.3.3.2 光学参数的计算

椭圆偏振光谱法通过测量偏振方向平行($\tilde{r}_p$)与垂直($\tilde{r}_s$)于入射面方向的反射系数之比 $\rho = \tilde{r}_p / \tilde{r}_s = r_p / r_s \exp(i\Delta) = \tan\Psi \exp(i\Delta)$ 来确定椭圆偏振参数 Ψ 和 Δ. 根据这两个参数以及复介电常数 $\varepsilon = \varepsilon_1 + i\varepsilon_2$,得到折射率 n 和消光系数 k 分别为

$$n = \frac{1}{\sqrt{2}} \sqrt{\sqrt{\varepsilon_1^2 + \varepsilon_2^2} + \varepsilon_1}, k = \frac{1}{\sqrt{2}} \sqrt{\sqrt{\varepsilon_1^2 + \varepsilon_2^2} - \varepsilon_1}, \qquad (2.6)$$

其中 ε_1 和 ε_2 是复介电函数 ε 的实部和虚部.

我们利用椭圆偏振光谱拟合模型:Si∣Diamond∣(Diamond + Void)∣Air 对实验结果进行拟合,图 2.14 和 2.15 分别给出了四个 CVD 金刚石膜样品在 2.5~12.5 μm 红外波长范围的消光系数 k 和折射率 n 值随波长的变化曲线.

图 2.14 显示四个样品在 3.6 μm 处表现出一个非常强的吸收峰,对应于 C—H 键的伸缩振动吸收频率. 在波长 $\lambda = 5.7 \mu m$ 处,都具

有一个较强的吸收峰,对应于 C＝C 键的振动吸收频率,其中样品 SD 由于消光系数小,C＝C 键吸收峰在图中不是很明显,但可在其单独作图中(如图 2.14 中插图所示)明显地观测到. 另外,它们还在 4.2 μm 处出现了一个非常弱的吸收峰,对应 C＝O 键吸收峰. 除了以上特征峰外,四个样品的消光系数都非常低(＜10^{-4}),特别是样品 SD 在整个波段消光系数都小于 10^{-4},即金刚石薄膜在红外波段具有良好的透过性.

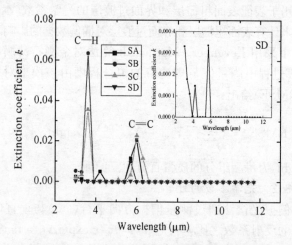

图 2.14 CVD 金刚石膜在红外波段的消光系数

图 2.15 表明金刚石薄膜 SB 和 SD 在整个波段折射率都比较稳定,平均值分别为 2.35 和 2.41. 而 SA 和 SC 的折射率波动较大,平均值分别为 2.43 和 2.50. 与天然金刚石的折射率($n=2.42$)相比较,同时考虑到折射率随波长的起伏,金刚石薄膜 SD 具有最高的质量,其光学性能已经达到天然金刚石水平. 而其他样品,由于晶粒尺寸的大小和取向等原因,使薄膜内存在大量的晶界,这些晶界往往是非金刚石相聚集的地方,严重地影响了金刚石薄膜的光学性质. 另外,我们还可以看出:(100)取向的 CVD 金刚石膜具有更稳定的折射率,这可能与薄膜表面平整度有关. 从前面的 AFM 结果并考虑到晶粒尺寸对表面粗糙度的影响可知,(100)方向具有最好的表面平整度,而非

（100）取向金刚石薄膜表面粗糙度较大，容易造成光的散射和干涉等效应，使折射率随波长变化较大，如样品 SA 和 SC 的折射率.

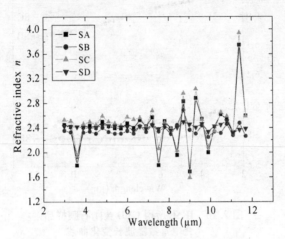

图 2.15　CVD 金刚石膜在红外波段的折射率

图 2.16 是通过椭圆偏振光谱数据拟合所得的 CVD 金刚石膜介电常数，从图中可以看出，金刚石薄膜的介电系数在整个红外波段范围内变化比较平稳，且多高于天然金刚石的 5.7，它们以 SD＜SA＜SB＜SC 的顺序依次增加. 这主要是因为薄膜沉积过程中，sp^2 等非金刚石相的存在会使薄膜的介电常数高于天然金刚石，随着 sp^2 等非金刚石相杂质的含量增高，薄膜的介电常数上升. 表 2.6 是椭圆偏振光谱拟合所得的金刚石薄膜中金刚石相、sp^2 碳的百分比含量，从中可以看出，薄膜中 sp^2 碳的含量与 Raman 光谱 Guass 拟合所得的结果（见表 2.4）基本相吻合.

表 2.6　由 IRSE 所得 CVD 金刚石膜样品中
金刚石及 sp^2 碳的百分含量比

样　　品		SA	SB	SC	SD
百分比含量(%)	金刚石	96.1	92.4	91.3	97.3
	sp^2 碳	3.9	7.6	8.7	2.7

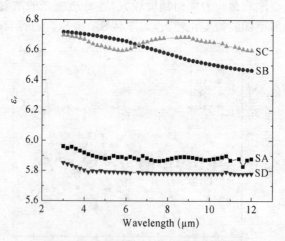

**图 2.16   IRSE 所得 CVD 金刚石膜样品
介电常数随波长变化曲线**

2.3.4   退火工艺和薄膜质量对 CVD 金刚石膜电学性能的影响[68]

为研究退火工艺对 CVD 金刚石膜性能的影响,我们研究了 500 ℃ Ar 气气氛中退火 1 h 前后样品 SD 的 Raman 光谱(如图 2.17 所示).很明显,退火后 1 550 cm^{-1} 附近的非金刚石相肩峰基本消失,同时由非金刚石相引起的荧光背底也大幅度减小,也就是薄膜质量得到了明显提高,这主要归功于退火工艺大大降低了薄膜中的氢含量和非金刚石相,这些非金刚石成分和氢杂质的存在是 HFCVD 金刚石膜不可避免的[69].

图 2.18 给出了 CVD 金刚石膜退火前后的暗电流-电压(I-V)曲线,这里 SB/10 000 和 SC/10 000 表示图中的电流比实际测得的小 10 000 倍,为了便于比较,我们将它们的实际值都除以 10 000 得到图中曲线.在正负偏压方向,四个样品的 I-V 曲线都表现出线性和对称性,表明电极在高达 100 V 的偏压下具有欧姆接触特性.未经退火

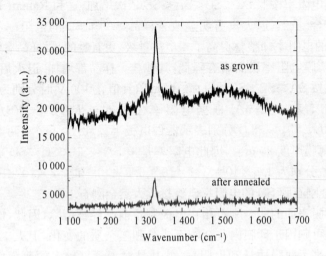

图 2.17　CVD 金刚石膜样品 SD 退火前后的 Raman 光谱

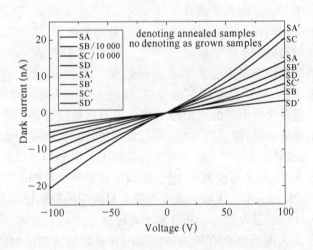

图 2.18　CVD 金刚石膜退火前后的暗电流-电压特性：
其中符号′表示退火,SB/10 000 和 SC/10 000
表示图中的电流比实际测得的小 10 000 倍

的薄膜电阻率按照 SC＜SB＜SA＜SD 依次增加,这和 Raman 光谱结果相符合. 虽然,退火没有明显改善样品 SA 和 SD 的电阻率,但 SB 和 SC 的电阻率却整整提高了 4 个数量级. 更有趣的是,样品 SA 经退火后,薄膜电阻率反而略有降低,其他三个样品都增加. 退火后,薄膜暗电流按 SA＞SB＞SC＞SD 顺序降低,其值在 100 V 时分别为20.5、10.5、6.5 和 3.2 nA. 根据电阻率公式 $\rho = RS/L = VS/IL = V\pi r^2/IL$,其中 r 和 L 分别表示器件电极半径(0.5 mm)和两电极间距离(薄膜厚度 20 μm),因此电阻率是按 SA＜SB＜SC＜SD 顺序增加,其值分别为 1.9×10^{10}、3.7×10^{10}、6.0×10^{10} 和 1.2×10^{11} $\Omega\cdot$cm. CVD 金刚石膜 SD 的电阻率已经接近天然金刚石.

薄膜表面的非金刚石相在电极制备前已经被清除,因此,电阻率的变化可归因于薄膜内非金刚石成分和氢杂质的变化. 退火工艺,一方面提高了薄膜质量和电阻率,尤其是对于含氢较多的薄膜作用特别明显. 退火过程中,富集在晶界处的氢会释放出来,从而降低了薄膜中氢原子和非金刚石相成分. 因此,退火工艺引起样品 SB 和 SC 电阻率显著变化的原因是因为它们含有大量的氢杂质,这可能是由于薄膜生长时高的碳氢比造成的,而 SA 和 SD 含有较少的氢,红外椭圆偏振光谱的分析结果也证实了这一结论. 另一方面,退火工艺改善了电极接触性能,从而降低了接触势垒,表现为等效的电阻率降低. 当因薄膜质量改善而引起的电阻率增幅低于因电极接触势垒降低而引起电阻率降幅时,即出现 SA 这种反常现象. 同时,薄膜中应力的存在(内应力或外应力)[70]或由于衬底预处理工艺引起的薄膜和硅衬底间界面层作用,以及薄膜的取向性/织构化也是一个影响电学性能的重要参数[71]. 退火工艺无疑会改变薄膜和衬底间的界面层状况,降低薄膜应力. 因此,退火使 SA 电阻率背离可能是由以上多种原因造成的. SD 在退火前后都具有最高的电阻率和最好的欧姆接触特性,表明通过金刚石粉手工研磨硅衬底和恰当控制沉积条件可生长高质量的 CVD 金刚石膜.

CVD 金刚石膜性能尤其是电学性能主要取决于薄膜质量,根据

图 2.18 和 SEM 得到的金刚石晶粒尺寸数据,给出了 CVD 金刚石膜电阻率与晶粒尺寸的关系,如图 2.19 所示. 随着晶粒尺寸的增加,薄膜电阻率几乎正比增加. 因此,如何生长大尺寸金刚石颗粒是制备探测器级 CVD 金刚石膜的关键.

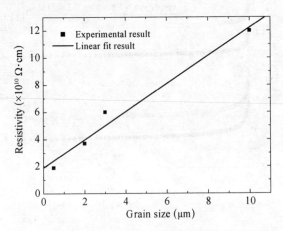

图 2.19 CVD 金刚石膜电阻率与晶粒尺寸的关系

室温下,CVD 金刚石膜电容和介电常数随频率变化如图 2.20 所示. 电容的实部不受直流(DC)影响,即电荷从电容的一端输送到另一端时,仅仅依赖于材料极性且只由空间限制电荷运动所决定[72]. 从 CVD 金刚石膜和硅衬底的电阻率,我们认为测量的电容值仅依赖于 CVD 金刚石膜,即金刚石薄膜介电常数可简化为

$$\varepsilon = Cd/\varepsilon_0 S, \tag{2.7}$$

其中 d 是薄膜厚度,S 是电极面积,ε_0 是自由空间介电常数.

经退火后,薄膜介电常数降低且更接近天然金刚石的值(5.7). 退火前后,四个样品在 2.0 MHz 频率下介电常数分别为,SA:10.65 和 7.11,SB:13.63 和 7.55,SC:16.59 和 7.33,SD:7.31 和 5.73. CVD 金刚石膜的介电常数主要受两个独立因素的影响:(1) 石墨含量和结晶质量;(2) 金刚石本身的含量和质量. 石墨的电导率比金刚

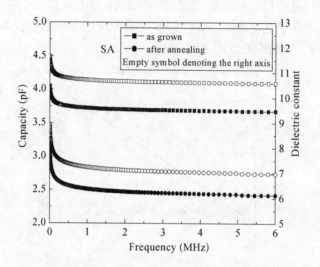

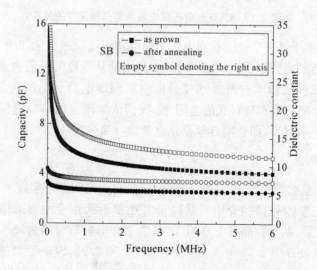

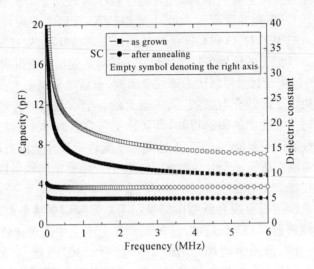

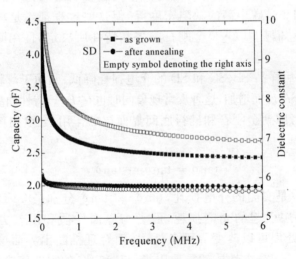

图 2.20　室温下 CVD 金刚石膜电容和
介电常数对频率的依赖性

石和非晶碳大几个数量级,因此它的存在严重限制了薄膜介电性能的提高,但石墨相并没有在 Raman 光谱和 XRD 谱中观测到. 石墨相的消失可归因于 H、O 和 OH 活性基的作用,它们可非常有效地刻蚀石墨[73]. O 原子的作用可直接解释在不同衬底偏压下获得的样品 SB 和 SC 的区别. 因此,可以认为第二个因素,也就是金刚石本身的含量和质量决定了薄膜介电常数. 从未退火的金刚石薄膜的介电常数值和退火对介电性能的影响可知,薄膜内的氢含量和非金刚石相是影响介电性能的主要原因. 退火工艺降低了氢含量和非金刚石相,从而改善了金刚石质量和介电性能. 样品 SD 的介电性能已经可以和天然金刚石相媲美.

四个金刚石薄膜在低频段都显示了电容随频率减小而增加,这是由低频散射(LFD)引起的. 这种现象在介电谱中表现为强烈地增加,因此介电损耗也增加,如图 2.21 所示. LFD 可能与晶界处的损耗有关,这种介电损耗可能是由不同过程引起的,如晶界势垒、金刚石和非晶碳中高的缺陷密度等. 但这些过程都不是单独作用的,因为它们是由 CVD 金刚石膜多晶特性所决定,且在薄膜中同时存在.

退火后样品 SB、SC 和 SD 的介电损耗降低,归功于薄膜质量的提高,而 SA 反而增加,这种反常现象同时也在 I-V 特性曲线中观察到. 如果考虑到金刚石和硅衬底间界面层的作用,介电损耗公式可写为

$$\tan\delta = \tan\delta_d + \tan\delta_i, \tag{2.8}$$

其中 $\tan\delta$ 是实测的介电损耗,$\tan\delta_d$ 和 $\tan\delta_i$ 分别是 CVD 金刚石膜和界面层引起的介电损耗,后者与界面性质和附着力密切相关. 退火处理可以改变界面条件,从而合理推断出界面层作用是影响样品 SA 介电性质的重要因素. SB 和 SC 的损耗值接近,但都大于 SD(2 MHz 频率下为 0.02),这主要可归功于 SD 高的薄膜质量.

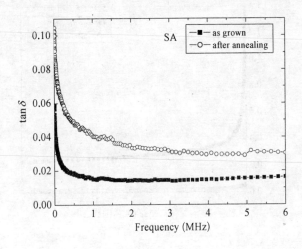

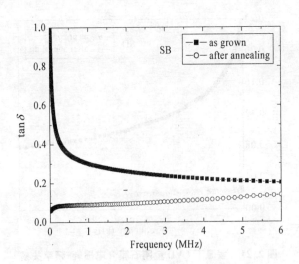

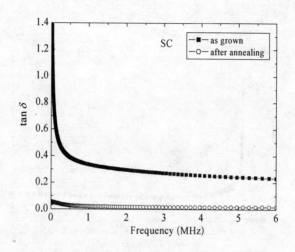

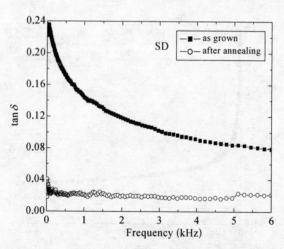

图 2.21　室温下 CVD 金刚石膜介电损耗-频率关系

2.3.5　CVD 金刚石膜光学性能表征

根据以上分析和讨论,我们知道样品 SD 具有最佳的金刚石质量.光学表征是一种非常敏感的手段,故我们选择退火后的样品 SD 来研究 CVD 金刚石膜中的缺陷能级,并探讨其能带结构.

图 2.22 显示了 2.33 eV 激发下的 CVD 金刚石膜室温 Raman 和 PL 光谱. Raman 光谱(如图 2.22 中放大部分)在 1 328 cm^{-1} 处出现了一个异常尖锐的金刚石特征峰,半高宽(FWHM)为 8.5 cm^{-1},非晶碳和其他非金刚石碳相只显示了一个非常宽化平坦的肩峰,其最大值约为 1 550 cm^{-1},表明金刚石薄膜具有非常高的质量. 在 5 254 cm^{-1}(1.68 eV)处出现一个非常强的 PL 峰,这是 [Si—V]^0 中心的零声子发光线(ZPL)[74],它是由金刚石晶粒内和晶界处的 Si—C 键所产生的 Si 相关中心所引起的. 我们首次发现了 CVD 金刚石膜中 6 260 cm^{-1}(1.55 eV)的 PL 峰,其真正来源目前还不清楚,而且也只有 J. A. Garrido 等人[75]利用霍尔效应报道了这一能级,他们尝试性地将之归结为 N 杂质能级. 但很多作者[76-77]已经证明 N 杂质

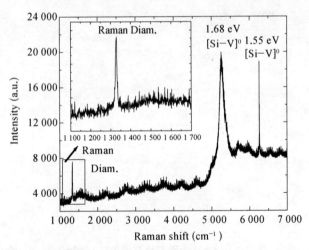

图 2.22　CVD 金刚石膜 2.33 eV 激发的室温 Raman 和 PL 光谱

的相关能级应该在 1. 945 eV 和 2. 156 eV,同时我们的 PC 实验结果也进一步肯定了这一结论. 考虑到 1. 55 eV 能级非常接近于 1. 68 eV,因此我们把它归结为 Si—O 键有关的$[Si—V]^0$ 中心产生的 ZPL 或振动带[78]. O 主要来源于实验中所用的丙酮及本底,它和 H 一样可以在高温下刻蚀非金刚石,同时也可以饱和 C 键或与其中的硅结合.

为了进一步获取金刚石薄膜中晶界及晶界处缺陷的信息,我们测量了自支撑 CVD 金刚石膜的 FTIR 光谱,如图 2. 23 所示. 结果表明 CVD 金刚石膜内缺陷(结构不完整性、杂质和非金刚石相)严重限制了薄膜的透过率. 位于 2 800～3 100 cm^{-1} 范围内的吸收峰为金刚石薄膜中 C—H_2 组的对称和不对称伸缩振动吸收峰,碳原子是 sp^3 杂化的,光谱中 2 925 cm^{-1} 处的吸收带对应于 sp^3—CH_3 不对称伸缩振动吸收,而 2 850 cm^{-1} 处的吸收带对应于 sp^3—CH_2 对称伸缩振动[79],它们一般来源于晶界[80]. 我们在前面的红外椭圆偏振光谱中也测量并讨论了这些 C—H 吸收峰,它们往往在 CVD 金刚石膜禁带中引入约 0. 36 的浅能级.

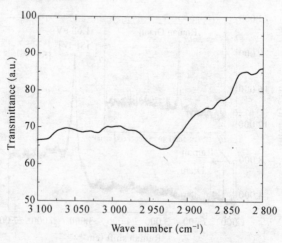

图 2. 23　CVD 金刚石膜室温 FTIR 透射光谱

2.3.6　CVD 金刚石膜光(热)电流表征

图 2.24 给出了 CVD 金刚石膜在室温下测得的光电流(PC)曲线. 在 2.7～3.2 和 1.9～2.1 eV 出现了两个光电流峰,类似于 GR2-GR8 光吸收峰,来源于相同的陷阱能级. 1.68 eV 的 GR1 光吸收峰没有在 PC 谱中观测到,但明显出现在了 PL 谱中,这一结果和 J. E. Lowther[81] 的结论一致. 实验事实和数据支持了电子从价带激发到更高能级 1.9～2.1 eV 并产生 PC 峰的假设. CVD 金刚石膜中 N 空位([N—V])的联合体在中性态和负电荷态分别会形成 2.156 和 1.945 eV 的中间能级,从而形成了 1.9～2.1 eV 的光电流峰. 但我们并没有在 PL 光谱中观测到这些 N 空位相关的中间能级,可能是因为信号较弱而被淹没在荧光背底中引起的.

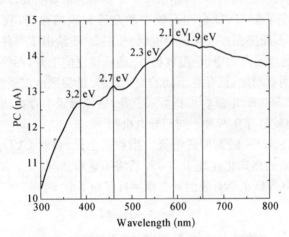

图 2.24　CVD 金刚石膜室温光电流(PC)特性

人们[82-83] 认为本征 CVD 金刚石膜是轻 p 型且空穴电流起主导作用,其费米能级位于价带以上 0.8 eV 甚至更低. 因此,和 1.9～2.1 eV 光电流峰相关的陷阱态应该是空穴陷阱. 由于热平衡状态下费米能级很低,这些陷阱态将完全被空穴所填充,从而形成价带到更高

能级的光激发. 离化(非退化)陷阱态密度公式:

$$N_s^+ = N_s[1 - 1/(1 + \exp(E_s - E_F)/kT)], \qquad (2.9)$$

肯定了 1.9~2.1 eV 的深能级陷阱趋向于完全离化,也就是全部被俘获的空穴所填充,即 $N_s^+ = N_s(1 - 10^{-20}) \approx N_s$,其中 N_s 为陷阱态密度,E_s 和 E_F 分别为陷阱态和费米能级,k 和 T 分别是 Boltzmann 常量和绝对温度. 换句话说,这些中间能级的空穴陷阱空着时表现为中性,填充时带正电荷,也就是类施主型陷阱. 因为它们是深能级陷阱,已经无法划分为电子还是空穴,俘获的空穴重新回到价带的几率远小于从导带俘获电子的几率. 因此,这些中间能级陷阱也可以有效充当复合中心,从而制约了 CVD 金刚石膜辐射探测器的光电流响应[84].

载流子输运特性,如载流子迁移率-寿命乘积 $\mu\tau$ 除了依赖于 CVD 金刚石膜的微结构外,还依赖于薄膜中的杂质或其他缺陷状况. 为了进一步了解 CVD 金刚石膜中的杂质或缺陷作用,我们研究了 CVD 金刚石膜随温度变化的导电机制. 图 2.25 给出了器件在室温至 750 K 温度范围内的电流-温度特性. 随着温度的上升,器件的热致电流(TSC)明显增加,且存在不同的变化趋势. 低温区电流缓慢上升,高温区(高于 500 K)电流将以指数式上升,估计薄膜中存在两个不同的激活能,也就是存在两种不同的导电机制.

在 $T > 500$ K 的高温区电流以指数式上升,表明 CVD 金刚石膜中某种陷阱的热离化在高于 500 K 后将明显增加. 在 $T > 500$ K 的温度区域内,CVD 金刚石膜的导电率 σ 具有如下形式:

$$\sigma = \sigma_0 \exp(-E_a/kT), \qquad (2.10)$$

式中 σ_0、E_a、k 和 T 分别为常数、施主/受主激活能、Boltzmann 常数和绝对温度. 利用该式对高于 500 K 的 TSC 曲线进行拟和,得到激活能 E_a 为 1.68 eV,此激活能应当与载流子从陷阱能级到导带或价带的跃迁有关. 由于硅与金刚石具有相同的晶体结构,在金刚石高温生长过程中 Si 原子将或多或少占据金刚石格点,形成等电子中心,因此上述得到的激活能可归功于 Si 原子占据金刚石中的空位. 很好地论证了前面的 PL

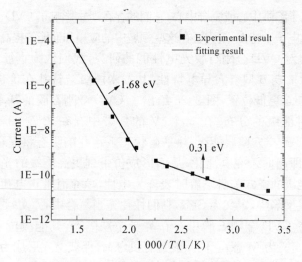

图 2.25 CVD 金刚石膜的热致电流(TSC)曲线

实验结果和结论,同时也与 T. Sharda 等人[85]提出的当 Si 占据金刚石格点后将在金刚石禁带中产生 1.68 eV 的施主能级的报道相一致.

在 $T < 500$ K 时电流不存在指数式上升趋势,低温区的电导通常归因于薄膜内极化子发生的变程跳跃导电过程(VRH),也就是载流子以隧穿的方式通过势垒所致. 另外,金刚石具有大的禁带宽度(5.5 eV),因而将存在许多低于 1 eV 的浅能级,500 K 前电流的非指数式变化也很可能归功于这些缺陷. 利用(2.10)式对低于 500 K 的 I-T 曲线进行拟合,得到激活能 E_a 为 0.31 eV. 这一能量与 H 和 B 杂质在 CVD 金刚石膜中产生的约 0.36 和约 0.3 eV[86-87]杂质能级相当,并且已经通过红外椭圆偏振光谱和红外透射光谱进行了讨论.

2.3.7 CVD 金刚石膜能带结构

通过上面的实验结果和讨论可知,宽禁带 CVD 金刚石膜中存在许多缺陷和杂质中间能级. 这是 CVD 生长金刚石不可避免的,主要来源于本底真空、反应气体和衬底. 这些中间能级既可以充当施主或受主,也可以充当载流子陷阱中心或复合中心,它们的存在严重影响了 CVD 金刚石膜的光学和电子学特性,阻碍了在这些领域中的应用和性能的提高.

通过对 CVD 金刚石膜光电性能的研究,我们认为本征 CVD 金刚石膜具有弱 p 型空穴导电特性,其费米能级被钉扎在价带以上约 0.8 eV 甚至更低位置,图 2.26 给出了 CVD 金刚石膜的基本能带结构和陷阱能级的分布. 在 5.5 eV 的禁带中存在 2.7~3.2 eV 和 1.9~2.1 eV 空穴陷阱能级,热平衡状态下这些陷阱态将完全被空穴所填充,即趋向于完全离化,从而形成价带到更高能级的光激发. 这些中间能级的空穴陷阱空着时表现为中性,填充时带正电荷,即表现为类施主型陷阱,定义为 S 态,它们往往充当复合中心. 文献[88-89]还报道了 CVD 金刚石膜中存在类受主缺陷态,其能级位于 1.2~1.3 eV,定义为 M 态,它们一般带有负电荷,俘获空穴后成为电中性,往往充当陷阱中心. 同时还存在 1.68 eV 和 1.55 eV 的 Si 杂质能级和低于费米能级的一些低能级,如 H、B 等引起的杂质能级.

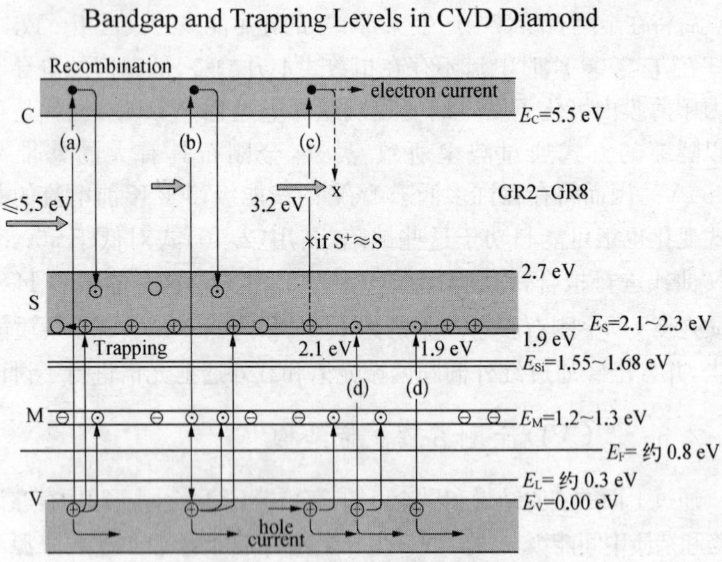

Bandgap and Trapping Levels in CVD Diamond

图 2.26   CVD 金刚石膜能带结构示意图

2.4　本章小结

通过金刚石粉手工研磨硅衬底表面的预处理方法和控制热丝化学气相沉积(HFCVD)条件,成功制备了探测器级(100)定向 CVD 金刚石膜,晶粒尺寸与膜厚的比值达到了 50%,远大于文献所报道的 10%~20% 的结果,其光电性能可与天然金刚石相媲美,这对于 CVD 技术生长高质量多晶和单晶金刚石及其在器件中的应用具有重要的指导意义.衬底表面的任意取向性、衬底较大的正偏压和较小的碳源浓度有利于生长(100)织构 CVD 金刚石膜.退火工艺不但改善了 CVD 金刚石膜质量,也改善了薄膜与衬底间的界面层状况,降低了薄膜应力.

利用光电性能研究了 CVD 金刚石膜中的缺陷情况,探讨了其可能来源,并在此基础上提出了宽禁带 CVD 金刚石膜能带结构.首次利用 PL 谱测量发现了 CVD 金刚石膜中 1.55 eV 缺陷能级的存在,并对其可能来源进行了探讨,认为它可能来源于与 Si—O 键有关的 $[Si—V]^0$ 中心产生的零声子发光线(ZPL)或振动带.

第三章　辐射探测器读出电子学系统
——微机多道谱仪的建立

本章主要通过对辐射探测器读出电子学系统的讨论,设计并建立了适用于 CVD 金刚石探测器和微条气体室探测器的通用读出电子学系统——微机多道谱仪. 这一系统对其他气体室探测器和半导体探测器测试及核辐射测量也具有重要的应用价值,同时也是一种非常有效的新型半导体材料性能表征手段.

3.1　引言

大多数的辐射探测器是电探测器,探测器输出的电信号中包含了粒子的物理信息,读出电子学的主要功能是抽取粒子探测器输出电信号的某些特征,转换为能够反映粒子特性的数据,并进行读取、存储和显示. 粒子通过探测器时使探测器产生电离、激发或光电转换等过程,输出信号的电荷量往往正比于粒子在探测器中所沉积的能量. 但粒子与探测器的相互作用是一个随机过程,探测器的输出信号也有一定的随机性,表现为:(1) 由入射粒子能量损失的随机性造成的信号幅度的随机性;(2) 由粒子出现时间的随机性造成的信号间隔的随机性;(3) 由粒子在探测器单元中穿越径迹的不同造成的信号宽度(或形状)的随机性. 因此,读出电子学系统必须考虑信号的随机性,使其能够处理的信号范围尽可能宽,并能够根据随机信号的统计分布正确处理绝大多数的探测器信号[90]. 虽然辐射探测器的研究已经取得了令人瞩目的成果,但其特殊性使性能测试和表征等方面也具有特殊性,而且国内也没有普遍适合不同类型探测器的读出电子学系统.

产生于气体室探测器或半导体探测器的信号是一个电流脉冲,其电荷量 Q_D,电流脉冲的持续时间一般为 $10^{-9} \sim 10^{-5} \, s$,这主要取决于探测器的电阻和电容,即和探测器类型与大小有关. 由于探测器输出信号比较小,这就需要通过放大器对信号放大后才能进行数据处理,因此放大器的性能显得非常重要. 放大后的信号经过成形送入模数转化器(ADC),将模拟信号转化为数字信号并传输到计算机辅助多道分析器(CAMCA)进行数据储存和处理,就能得到核辐射事件的能量谱、计数率、探测效率和增益;如对探测器进行双端输出或引入位置灵敏分析器就可得到位置灵敏谱;引入快放大器和时幅转换器就能进行时间谱的测量.

3.2 前置放大器

电子学线路是由电阻、电容、晶体管和集成电路等元器件组成,元器件中载流子的随机运动或载流子数量的涨落会在线路输出端产生随机涨落的无用信号,即噪声. 另外,不同的电子学系统也会产生空间电磁场干扰别的系统. 因此,为了减少测量误差,必须尽量减小噪声和干扰对信号的影响,也就是提高电子学系统的信噪比. 由于探测器输出信号幅度很小,在对信号进行处理的电子学线路中,首先必须将探测器输出的电荷收集起来,同时为了降低噪声和干扰及方便操作,信号应经过初步放大并转换成适于通过电缆传递到后续电子设备的电压或电流信号,这就需要一个紧靠探测器的体积不大的前置放大器. 在使用固有能量分辨好的探测器时,前置放大器本身的噪声必须很小,才能正常放大微弱的电信号并分辨出它们的微小差别;在需要分析信号的时间信息时,前置放大器要能准确地保留粒子的时间信息,以便确定核事件发生的时间、位置或粒子种类.

由于前置放大器是最紧接探测器的电子学仪器,其性能的好坏将直接影响系统的测量精度. 前置放大器在信号处理方面的作用和特点主要有以下几点:(1) 提高系统的信噪比;(2) 减少外界干扰的相对影响;(3) 合理布局,便于调节和使用;(4) 实现阻抗转换和匹配. 根据探测器输出信号成形方式的特点,前置放大器可以分为电压灵敏前置放大器、电流灵敏前置放大器和电荷灵敏前置放大器三大类[91].

3.2.1 电压灵敏前置放大器

电压灵敏前置放大器如图 3.1 所示. 探测器输出的电流信号用 $I_d(t)$ 来表示,t_w 为信号持续时间,考虑到探测器的极间电容 C_d,放大器输入电容 C_a,及连线分布电容 C_s,则放大器输入端的总电容 $C_i = C_d + C_s + C_a$. 假定放大器输入电阻很大,可忽略其并联作用,则输入电流 $I_d(t)$ 在输入电容上积分为输入电压信号 V_i,幅度值为

$$V_{in} = \frac{\int_0^{t_w} I_d(t)\,dt}{C_i} \propto Q. \tag{3.1}$$

通过电压放大器后的输出幅度 $V_{ou} \propto V_{in} \propto Q$,即输出电压幅度与电荷量 Q 成正比. 所以设计电压放大器时,在其输入端总电阻足够大时,不论探测器电流脉冲的形状如何,只要它们所携带的电荷量 $Q = \int_0^{t_w} I_d(t)\,dt$ 相等,则放大器输出电压信号的幅度也相等.

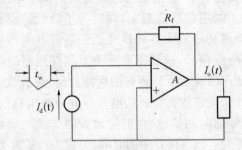

图 3.1　电压灵敏前置放大器

电压灵敏前置放大器的主要问题是输入端总电容 C_i 的不稳定导致输出电压幅度 V_{ou} 的不稳定,难以同时满足较高的准确性、稳定性、

信噪比和能量分辨率.

3.2.2　电流灵敏前置放大器

电流灵敏前置放大器是对探测器输出电流信号直接进行放大,它通常是一个并联反馈电流放大器,如图 3.2 所示.这类前置放大器输入电阻较小,时间响应较好,常用作快放大器.但因相对噪声较大,主要适用于时间测量系统.

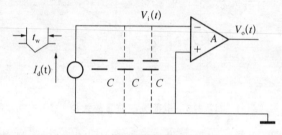

图 3.2　电流灵敏前置放大器

3.2.3　电荷灵敏前置放大器

电荷灵敏前置放大器是带有电容负反馈的电流积分器,如图 3.3 所示.由于引入反馈电容 C_f,这时从放大器输入端来看,加反馈后输入端总电容 $C_i = C_i + (1+A_0)C_f$,A_0 为开环增益,C_i 是不考虑 C_f 时输入端总电容.当 A_0 很大时,$(1+A_0)C_f \gg C_i$,主要是 C_f 起作用,可以认为输入电荷 Q 都积累在 C_f 上,输出信号电压幅度近似等于 C_f 上的电压,即

$$V_{ou} \approx \frac{Q}{C_f} = \frac{\int_0^{t_w} I_d(t)\,dt}{C_f}. \qquad (3.2)$$

因为 C_f 为常量,所以 V_{ou} 只与总电荷量 Q 有关.由于反馈电容可以足够稳定,输入电容 C_i 的影响可以忽略,输出电压幅度 V_{ou} 有很好的稳定性,因此这种电荷灵敏前置放大器常与高能量分辨率探测器

连接. 为了释放 C_f 上不断积累的电荷量,并稳定反馈的直流工作点,需要采取一些措施,如附加一个阻值较大(约 10^9 Ω 量级)的反馈电阻 R_f 与 C_f 并联,R_f 常称为泄放电阻,可使 C_f 上的电荷逐渐放掉.

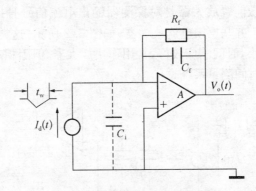

图 3.3 电荷灵敏前置放大器

我们在探测器读出电子学系统中采用电荷灵敏前置放大器作信号初级放大,是由于它具有输出增益稳定、信噪比高等优点:

(1)变换增益稳定性:当探测器将正比于射线能量 E 的一定电荷量 Q 输入到电荷灵敏前置放大器时输出电压幅度 V_{ou},定义变换增益为 $A_{cq}=V_{ou}/Q$. 在电荷灵敏前置放大器的实际电路中,反馈电容跨接于放大器的反相输入端之间,起着负反馈作用,放大器采用高增益宽带运算放大器,通常输入阻抗很大,输出阻抗很小,开环增益 A_0 很大. 而输出幅度 $V_{ou}=Q/C_f$,则变换增益 $A_{cq}=V_{ou}/Q=1/C_f{}^{[92]}$.

当 A_0 足够大时,电荷变换增益 A_{cq} 仅与反馈元件——电容 C_f 有关,而与 A_0 和 C_i 稳定性无关,因此只要采用高稳定精密的反馈电容,即可得到稳定变换增益.

(2)输出稳定性:电荷灵敏前置放大器的输出幅度 V_{ou} 的基本表达式为

$$V_{ou} = A \cdot V_{in} = \frac{A_0 Q}{C_i + (1+A_0)C_f}. \tag{3.3}$$

根据放大器开环增益 A_0 和输入电容 C_i 的可能变化及其对输出稳定性的影响,可以算出输出的相对变化值:

$$\frac{dV_{ou}}{V_{ou}} = \frac{(C_i + C_f)dA_0}{[C_i + (1 + A_0)C_f]A_0} - \frac{dC_i}{C_i + (1 + A_0)C_f}. \quad (3.4)$$

令 $F = \dfrac{C_f}{C_i + C_f} \approx \dfrac{C_f}{C_i}$,则 $A_0 F$ 表示反馈深度,设 $A_0 \gg 1, A_0 F \gg 1$,则

$$\frac{dV_{ou}}{V_{ou}} = \frac{1}{A_0 F}\frac{dA_0}{A_0} - \frac{1}{A_0 F}\frac{dC_i}{C_i}. \quad (3.5)$$

由上式可见,要提高输出稳定性,减小相对变化量,对电荷灵敏前置放大器来说,要求 $A_0 F$ 足够大,因一般 C_f 取的较小,所以反馈系数 F 值也较小,此时放大器开环增益 A_0 必须很高.

(3) 输出噪声小:由于前置放大器的噪声在测量系统中起着主要作用,为了提高测量精确度,必须设法减小噪声,提高信噪比,这一性能指标对前置放大器电路是非常重要的. 一般降噪主要采取以下方式:a. 输入级采用低噪声器件. 目前低温运用的结型场效应晶体管具有最低的噪声,在常温下,结型场效应晶体管的噪声也比双极型晶体管小得多,所以一般均采用低噪声场效应晶体管作输入级放大管;b. 低温运用. 探测器与场效应晶体管都工作在液氮(77 K)低温状态,可以显著改善谱仪系统的噪声性能;c. 采用合适的反馈电容 C_f. 若 C_f 大则噪声大,而 C_f 过小,则反馈深度相应较小,会使输出幅度稳定性变坏,这两者都将使能量分辨率降低,所以实际上 C_f 常取 0.1~9 pF,并要求温度稳定性好. 为此常选用高压陶瓷零温度系数电容器作为反馈电容;d. 反馈电阻 R_f 和探测器负载电阻 R_d. 常通过实验选用低噪声电阻,阻值一般在 $10^9 \sim 10^{10}\ \Omega$ 左右. 可采用真空兆欧合成膜电阻或金属膜电阻,并处于低温工作,以降低其热噪声.

(4) 输出脉冲上升时间快且稳定:通常希望前置放大器在时间上能较快地响应,要求输出信号的上升时间愈小愈好. 在能谱测量系

2005 年上海大学
博士学位论文 ■

统中,如果前置放大器输出信号的上升时间不稳定,即表示前沿在变化,通过 CR 成形电路时信号幅度值也相应变化,可能导致系统分辨率降低.

上述电荷灵敏放大器的主要指标为具体电路的设计明确了要求.但应注意各项指标的性能高低,需要结合具体物理实验的需要,全面权衡考虑,因为实际上有些指标是互相牵制、制约的.

美国 EG&G Oretec 公司的 142IH 型电荷灵敏前置放大器具有许多优越的性能指标:真空工作;低噪声,$0\sim100$ pF=27 eV/pF、$100\sim1\,000$ pF=34 eV/pF;快上升时间,0 pF 时<20 ns、100 pF 时<50 ns;灵敏度,45 mV/MeV Si;能量范围,$0\sim100$ MeV Si;动态输入电容,10 000 pF;$0\sim\pm7$ V 积分非线性<$\pm0.05\%$;$0\sim50$ ℃温度不稳定性<$\pm100\times10^{-6}/$℃;增益$\geqslant40\,000$ 等. 142IH 型电荷灵敏前置放大器是一种经济型、通用型器件,可广泛用于 X 射线、低能和高能 γ 谱仪及 α 和其他带电粒子谱仪,同时可与半导体辐射探测器、气体辐射探测器和低增益光电倍增管共用. 它可调节探测器电容至 2 000 pF,因此是高分辨率谱仪应用的理想选择,能同时满足微条气体室和 CVD 金刚石探测器的要求.

3.3　线性成形放大器

探测器输出信号经前置放大器初步放大后,其输出脉冲幅度和波形并不适合后面测量设备的要求. 所以还需对信号进行线性放大和成形,在放大和成形过程中必须严格保持探测器输出的有用信息,尽可能减少失真. 这就需要线性成形放大器来完成,它可在测量室内通过电缆与前置放大器相连,便于操纵调节. 放大器的设计必须解决两个问题,一方面是把小信号放大到需要的幅度;另一方面是改造信号形状,即滤波成形,目的是放大有用的信号,降低噪声和提高信噪比,以适合于后续电路的测量,在这个过程中尽可能不损失有用的信息.

3.3.1 放大节

放大节通常由一个高增益的运算放大器和一个反馈网络所组成. 实际上,放大器的很多指标在很大程度上取决于单元放大节指标的优劣,理论上要改善放大节的性能,首要问题是提高负反馈深度 A_0F. 反馈系数 F 因具体需要而确定,因此尽可能增加放大节的开环放大倍数 A_0 是十分必要的,一般在 $10^2 \sim 10^4$ 量级.

但无反馈放大器能获得最低的噪声,因此不能用负反馈来改善放大器的信噪比. 为了降低噪声,除了对输入级器件作严格挑选外,在电路接法上也需要注意. 如图 3.4 所给出的两种接法对噪声的影响. V_i 为输入端信号,V_n 为输入端噪声. 对于反相端接法的信号和噪声的放大倍数分别为

$$A_{s-} = \frac{R_f}{R}, A_{n-} = 1 + \frac{R_f}{R}. \qquad (3.6)$$

对于同相端接法的信号和噪声的放大倍数分别为

$$A_{s+} = 1 + \frac{R_f}{R}, A_{n+} = 1 + \frac{R_f}{R}, \qquad (3.7)$$

$$\frac{A_{s-}}{A_{n-}} = \frac{R_f}{R + R_f}, \frac{A_{s+}}{A_{n+}} = 1. \qquad (3.8)$$

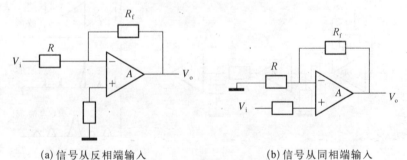

(a) 信号从反相端输入   (b) 信号从同相端输入

图 3.4　放大器输入级电路图

由式(3.8)可知,对于指标性能一样的运算放大器,同相接法的信噪比性能要比反相接法好. 因此对于输入级来讲,一般总是希望接成同相放大器.

3.3.2　滤波成形电路

信号经过放大节放大后还要经过滤波成形电路的处理. 滤波成形电路的主要任务是抑制系统噪声,使系统信噪比最佳,并使信号形状满足后续分析测量设备的要求. 滤波成形电路设计必须符合下列要求:(1)通过滤波成形后,输入和输出应严格保持线性关系;(2)提高放大器信噪比;(3)减小输入脉冲宽度、堆积和基线变化,提高电路的计数率响应;(4)成形后的最后输出波形应适合后续电路要求;(5)滤波成形电路应尽可能简单,且参数可调.

图 3.5(a)为接在电荷灵敏前置放大器后面由 $C_1 R_1$ 微分电路和 $R_2 C_2$ 积分电路所组成的滤波成形电路,虚线以前的为前置放大器部分. $C_1 R_1$ 微分电路放在放大器的输入端,用来消除输入脉冲的叠加现象并使宽度变窄,提高电路计数率容量,$R_2 C_2$ 积分电路一般放在电路最后或较后部分,使输出波形有一个较平坦的顶部,更适合于分析测量系统的要求. 中间加的放大节 A_1 和 A_2 起隔离作用,减小滤波成形电路之间的相互影响. 各点波形如图 3.5(b)所示. 由于微分电路及积分电路是线性

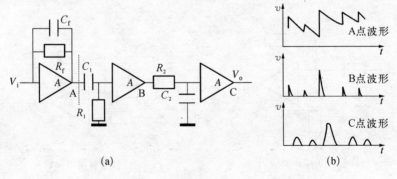

(a)　　　　　　　　　　　　　　　(b)

图 3.5　CR-RC 滤波成形电路及各点波形

电路,所以有关幅度的信息通过滤波成形电路后并没有损失. CR-RC 滤波成形电路中的 CR 微分电路可以滤去噪声的低频成分,RC 积分电路可以滤去高频成分,因此适当选择时间常数可以提高信噪比[93].

3.3.3 堆积拒绝电路

在低计数率条件下,测量系统的分辨率主要取决于探测器中电荷产生及收集的统计涨落、探测器漏电流和放大器噪声等. 在计数率达到 1 kHz 以上时,信号基线偏移逐渐严重,且出现随机涨落和分辨率变坏,因此必须考虑信号堆积效应. 为了使探测器在高计数率下工作而不使分辨率降低,必须解决在高计数率下峰堆积的问题. 首先要能够随时发现峰堆积,通常是设法判别信号的时间间隔是否过小,堆积是否发生,然后把发生峰堆积的信号剔除、不予放大和记录. 这样虽然会损失一定的计数,但可以校正,这一技术称为堆积拒绝. 堆积拒绝电路具有对输入信号是否发生堆积作出判别和舍弃堆积信号两个方面的功能,能较好地解决高计数率下信号的峰堆积问题,从而有效地改善系统分辨率.

EG&G Oretec 公司的 Oretec 575 A 型线性成形放大器具有许多优越的性能指标:连续可调;脉冲成形的半高宽为 $3.3\,\tau$;$1.5\,\mu s$ 成形时间的积分非线性$<\pm0.05\%$;增益>100 时,$3\,\mu s$ 单极成形噪声$<5\,\mu Vrms$;$0\sim50\,℃$增益漂移$<\pm0.007\,5\%/℃$.

3.4 多道脉冲高度分析器

放大成形后的信号通过模数转换、数据采集、存贮、分析处理及显示等转化为外部数据或图形,这就需要 ADC、脉冲高度分析器、数据获取系统及处理软件.

Oretec Trump-PCI-2K MCA 是一种插卡式计算机控制多道脉冲高度分析器(MCA),它将 ADC、微处理器、存储器和 PCI 总线接口集成到单个 PCI 插卡,如图 3.6 所示硬件结构和图 3.7 所示

MAESTRO‐32 MCA Emulation Program 软件操作界面. 它具有很多优异性能：（1）逐步渐近 ADC（2k）和匹配数据存储器（231‐1counts/channel）；（2）死时间短（8 μs/event）；（3）转化增益可计算机选择（512，1 024，2 048）；（4）计算机控制所有 MCA 功能；（5）MAESTRO‐32 MCA Emulation Program 分辨率高、功能强、操作方便，可独立支持 8 个操作单元；（6）高精度死时间校正方法（Gedcke Hale 法外推实时间校正和转换时间时钟关闭法）；（7）ADC GATE，PUR 和 BUSY 输入；（8）获取数据的实时显示；（9）强大的分析功能.

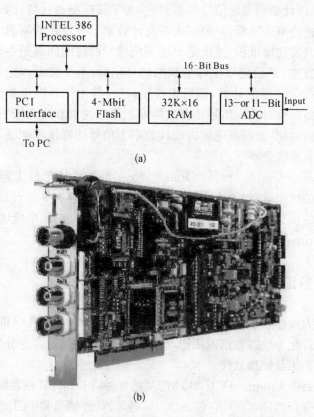

(a)

(b)

图 3.6   Oretec Trump‐PCI‐2K MCA 组成示意图

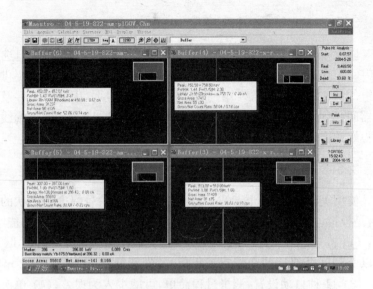

**图 3.7   MAESTRO‑32 MCA Emulation
Program 软件操作界面**

3.5   微机多道谱仪的其他组件

3.5.1   高压

　　为使探测器产生的电信号输出到读出电子学系统,必须对探测器施加合适的正负偏压. CVD 金刚石探测器一般所加偏压为几十到几百伏特,而微条气体室探测器必须施加多个高压,其中漂移电极高压约为 2 000 V. 另外,高压的稳定性也直接影响到探测器性能的稳定性. Oretec 556 高压可以很好地满足两类探测器的要求,具有如下优异性能:$10\sim3~000$ V 正负可调;输出负载 $0\sim10$ mA;恒温输出电压调整率$\leqslant0.002~5\%$;$0\sim50$ ℃温度不稳定性$<\pm50\times10^{-6}/$℃;外界条件不变下长期漂移$<0.01\%/$h;内置过载及短路保护电路;输出电压重置偏差$<0.1\%$.

3.5.2 机箱、电源及电缆

以上 Oretec 系列组件都是独立的插件式器件单元,我们选择 4001C/4002D 型 NIM Bin/Power Supply with±6、12 和 24 V 提供以上组件的工作电源和插口. 由于探测器输出信号弱,因此各组件及探测器间必须选择恰当的连线,Oretec 系列 RG - 62A 93 ohm 电缆线具有很好的屏蔽保护和阻抗匹配,有利于提高信噪比.

3.5.3 示波器和半导体性能表征系统

使用美国 Tektronix 2024 数字示波器进行信号幅度和形状的检测,是模拟电路设计、调试及分析的理想工具. 它具有如下功能/优点:(1) 高达 200 MHz 带宽,2 GS/s 最大取样速率;(2) 5 mV/div 及其以上刻度全部达到全带宽采集信号,带宽灵敏度 20 MHz,2 mV/div;(3) 11 种自动设置,测量过程简单,可减少人为误差;(4) 单次捕获按键;(5) 峰值检测,捕获与观察高频信号成分、偶发毛刺等,可达 12 ns.

另外,我们在研究 CVD 金刚石探测器性能时,引入了美国 Keithely 4200SCS 半导体性能表征系统进行电流信号的在线测量,可进行小电流(分辨到 0.1 fA)或小电压(分辨到 1 μV)测试,并且可以测试电流或电压随时间的变化曲线.

3.6 辐射探测器读出电子学系统——微机多道谱仪的建立

根据辐射探测器特性及以上组件功能,我们建立了适合微条气体室探测器和 CVD 金刚石探测器的读出电子学系统——微机多道谱仪(如图 3.8 所示),辐射源如表 3.1 所列. 该系统在辐射探测器性能测试和半导体材料性能表征中表现出了非常优良的综合性能.

图 3.8 微机多道谱仪实物图

表 3.1 微机多道谱仪所用辐射源

辐射源	^{55}Fe	^{241}Am	^{60}Co	^{90}Sr
辐射种类	X	α	γ	β
主要能量/keV	5.9	5 500	1 173,1 332	546,2 274
放射性活度/kBq	55.1		109	
表面发射率/s^{-1}(2πSr)		2.54×104		2.32×104
半衰期/a	2.7	432.5	5.27	28.5

3.7 本章小结

自行设计并建立了一套能同时满足 CVD 金刚石探测器和微条气体室探测器的通用读出电子学系统——微机多道谱仪,这一系统的建立对开展各类辐射探测器及半导体材料性能的研究具有重要的应用价值和指导意义,弥补了国内在此领域的不足,并为今后研究工作奠定了基础。

第四章　CVD 金刚石探测器的研制

CVD 金刚石膜以其高抗辐照强度、高温工作能力等优异性能已经成为苛刻环境下工作的辐射探测器理想材料,但 CVD 金刚石探测器性能取决于薄膜质量,而其多晶特性极大地制约了器件性能.

本章主要通过退火工艺和表面氧化等预处理方法改善 CVD 金刚石膜质量,并采用 Cr/Au 双层电极和退火工艺实现了金属电极与金刚石的欧姆接触,成功研制出了 CVD 金刚石探测器. 利用 5.9 keV ^{55}Fe X 射线和 5.5 MeV ^{241}Am α 粒子研究了 CVD 金刚石探测器性能,获得了器件性能与材料质量(特别是金刚石晶粒尺寸)之间的内在联系,研究了"priming"效应对探测器性能的影响. CVD 金刚石探测器典型性能指标为:50 kV·cm^{-1} 电场时暗电流 3.2 nA,光电流 16.8 nA(X 射线)和净电流 15.0 nA(α 粒子),信噪比 5.25(X 射线)和 4.69(α 粒子),能量分辨率 16.26%(X 射线)和 25%(α 粒子),电荷收集效率 45.1%(X 射线)和 19.38%(α 粒子)等. 经 β 粒子预辐照后,CVD 金刚石 α 粒子探测器的电荷收集效率提高到了 36.91%.

ANSYS 软件模拟了 CVD 金刚石微条阵列探测器电场分布,得到了器件设计的最佳方案. 研制出了 CVD 金刚石微条阵列 α 粒子探测器,20 kV·cm^{-1} 电场下电荷收集效率和能量分辨率分别为 46.1% 和 3.9%.

4.1　引言

金刚石作为辐射探测器的原因是它具有独特的电学、物理学和化学性能. 金刚石是一种抗辐照性能强的宽禁带(5.5 eV)半导体,本征电阻率高（＞10^{11} Ω · cm），电子和空穴迁移率快（约 2 100 和约 1 800 cm^2 · V^{-1} · s^{-1}）和击穿电场强度高（约 10^7 V · cm^{-1}），因此非常适合在电子学和辐射探测器领域的应用. 它的宽禁带和高热导率（20 W · cm^{-1} · K^{-1}）使其成为能够在高温工作的理想探测器材料[94]. 金刚石探测器已经被证明可以探测各种辐射，从可见和紫外波长范围[95-96]到 X 射线和 γ 辐射[97-98]. 对于 α，β 和 γ 辐射来说，金刚石也是一种热释光（TL）材料[99]. 对离化辐射的探测被证明为热释光和光致发光剂量计、闪烁计数器和离化室（光电导探测器）[100]. 由于强的抗辐照性能和化学惰性，金刚石对加速器和其他苛刻环境下产生的重带电粒子和高能最小离化粒子探测方面比其他固体材料具有更加重要的优势[101].

金刚石是第一个用作核辐射探测器的半导体材料，它在 1956 年就开始被用作核粒子探测器，然而天然金刚石高的价格、高的缺陷浓度、低的可再生性和小面积等方面的限制，使其很难真正实现辐射探测器. 20 世纪早期随着生长多晶金刚石的 CVD 技术的出现，人们又开始萌发了 CVD 金刚石辐射探测器的潜在兴趣. 原则上可以通过控制生长参数来控制 CVD 金刚石膜质量，同时 CVD 金刚石膜也可大面积生长，甚至可高达 5′以上. 从这些方面看，CVD 金刚石辐射探测器应该具有更强的商业应用潜力[102]. 但不幸的是，CVD 金刚石膜通常存在很高的缺陷浓度，禁带中载流子的俘获-去俘获机制严重降低了探测器性能.

一般来说，固体探测器性能取决于探测器材料本身，RD42 组的研究结果也表明 CVD 金刚石探测器性能取决于 CVD 金刚石膜质量. CVD 金刚石膜生长过程中，可能会发生结构缺陷（主要是位错）和杂质的掺杂，使其具有高浓度的体缺陷，从而在禁带中引入深能级[103]，如第二章所讨论. 深能级的俘获-去俘获机制强烈地影响了探测器的稳定性、重复性和电流/电荷信号的响应速度和强度. 正是因为这些原因，直到现在 CVD 金刚石膜作为探测器材料还没有实现商业化应用. 最近研究者们发现，利用快中子或 β 粒子等预辐照金刚石后，电活性缺陷浓度大大降低,可极大地提高器件性能[104].另外,金刚石晶粒具有强烈的各向异性,(100)方向的金刚石具有最佳的热学、光学和电学性质,因此(100)定向金刚石将克服任意取向的多晶金刚石缺陷多、晶界乱、表面光洁度不高以及均匀性和电学性能差等缺点[105-106].

本章详细讨论了 CVD 金刚石膜的预处理工艺,并制备出 CVD 金刚石探测器,研究了探测器对 5.9 keV ^{55}Fe X 射线和 5.5 MeV ^{241}Am α粒子的电流/电荷响应,详细分析了金刚石薄膜质量(特别是晶粒尺寸)对探测器性能的影响,获得了很好的结果.

4.2 CVD 金刚石探测器的结构和工作原理

CVD 金刚石膜电阻率很高($>10^{11}$ Ω · cm),因而辐射探测器的结构非常简单,不需制作反向 p - n 结,只要在金刚石两面镀上两层金属电极以形成 MDM 结构即可,也可制作共面栅或叉指电极.该器件的物理机理非常直接,和辐射源(粒子或光子)种类无关.当一束高能粒子或射线(能量高于金刚石禁带宽度 5.5 eV)照射金刚石层时,由于电磁相互作用,将在金刚石中产生大量的电子-空穴对,这些自由电荷在外加电场作用下分别向两边电极迁移、分离,并在器件电极上产生瞬时电流信号,这些电流信号经过读出电子学系统进行数据采集和处理,即可得到所需的探测器信号,如图 4.1 所示.

4.3 CVD 金刚石膜的预处理

CVD 金刚石探测器是一种高灵敏度弱信号器件,其性能主要取决于薄膜质量.因此在制备探测器前,我们对 CVD 金刚石膜预处理进行了一系列的探索,以改善薄膜质量,形成的主要预处理工艺有:退火和表面氧化.研究表明:

(1)采用浓 H_2SO_4＋50％ H_2O_2(HNO_3)的表面氧化处理工艺可以消除薄膜表面的非金刚石相,降低探测器表面漏电流.

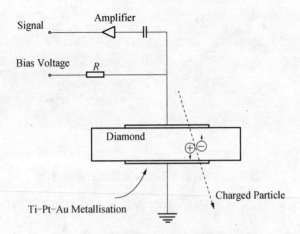

图 4.1 CVD 金刚石探测器工作原理示意图

(2) 500 ℃ Ar 气气氛中退火后,薄膜中氢含量减少,电阻率提高. 这是制备 CVD 金刚石探测器至关重要的步骤,可极大降低器件漏电流,改善器件性能.

4.3.1 表面氧化处理

正如前面所言,化学气相沉积获得的金刚石薄膜中总是不可避免地存在非金刚石相. 更重要的是由于 C 原子周期性被破坏,使薄膜表面存在大量 C 原子的悬挂键,这些悬挂键具有很强的活性,它们总会有一些相互连接形成 C═C 键. 图 4.2 给出了石墨相在薄膜表面的形成过程,同样在晶界处也存在类似情况.

由于石墨是电的良导体,石墨相的存在使 CVD 金刚石膜电阻率急剧降低. 除去 CVD 金刚石膜表面石墨相的常用方法有:

(1) 采用浓 H_2SO_4 和 H_2O_2 或 HNO_3 的混合溶液来氧化石墨相. 反应方程式为

$$C + 2H_2SO_4 + H_2O_2 = CO_2\uparrow + SO_2\uparrow + 3H_2O$$

或 $\quad C + H_2SO_4 + 2HNO_3 = CO_2\uparrow + SO_2\uparrow + 2NO_2\uparrow + 2H_2O.$

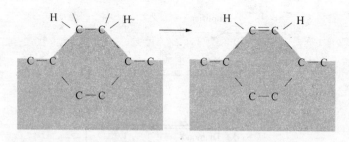

Surface dangling bonds   Graphite formed on surface

图 4.2　CVD 金刚石膜表面形成石墨相过程

（2）采用 H_2SO_4 和 $KMnO_4$ 溶液的混合溶液来氧化石墨相. 反应方程式为

$$C + 2H_2SO_4 + 4KMnO_4 = 2K_2SO_4 + 3CO_2\uparrow + 4MnO_2 + 2H_2O.$$

我们选择浓 H_2SO_4 和 H_2O_2 或 HNO_3 按 1：1 比例的混合液作为氧化剂,原因是反应过程中产物是气体和水,没有引入金属阳离子. 如果选择 H_2SO_4 和 $KMnO_4$ 的溶液作氧化剂,钾离子和二氧化锰会吸附在薄膜表面造成污染. 将样品放入氧化剂中浸泡 10 min,在最初的几分钟内反应非常剧烈,可以观察到有大量气体生成,并慢慢减少直至停止. 从 CVD 金刚石膜表面 SEM 图（如图 4.3 所示）看出,氧化处理后薄膜的晶形更为清晰,原来黑色的表面变为灰白,即表面石墨被腐蚀.

(a) 氧化前   (b) 氧化后

图 4.3　CVD 金刚石膜表面氧化前后的 SEM 图

　　CVD 金刚石膜氧化前、后的暗电流-电压(I-V)曲线如图 4.4 所示. 从图中可以看出经过表面氧化处理后,暗电流降低了 2 个数量级. 这主要是因为表面氧化腐蚀了表面石墨相和其他污染物,提高了薄膜表面质量,从而降低了表面漏电流.

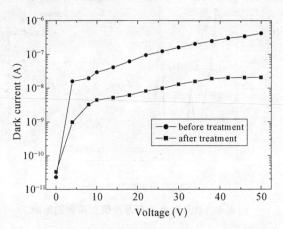

图 4.4　表面氧化处理对 CVD 金刚石膜电阻率的影响

4.3.2　退火处理[107]

　　将样品在 Ar 气保护气氛中 500 ℃下退火 45 min,考虑到温度上升会导致 CVD 金刚石膜和硅衬底的热应力,所以在退火过程中尽量确保系统的升温和降温缓慢进行,整个退火过程大约 6 h.

　　样品退火前后的消光系数随波长变化曲线如图 4.5 所示. 由于高温生长系统中存在大量的氢和少量的氧,CVD 金刚石膜中不可避免地存在 O—H 键、C—H 键、C＝O 键和 C＝C 键,它们分别与图中 λ 在 3.0、3.3～3.6、4.2 和 5.7 μm 处的吸收峰对应,退火后这些吸收峰明显减弱甚至消失. 退火后 k 值在 10^{-9}～10^{-16}数量级. 根据吸收系数(α)和消光系数(k)的关系式: $\alpha = 2\omega k/c = 4\pi k/\lambda$,可知,经退火在 $\lambda = 3.0$～12.0 μm 范围内 α 值为 10^{-5}～10^{-12} cm^{-1},表明 CVD 金刚石膜具有很好的红外透过性. 图 4.6 给出了金刚石薄膜退火前后折射率

的变化,从图可以看出退火后折射率平均值上升,更接近天然金刚石
的折射率($n=2.42$).

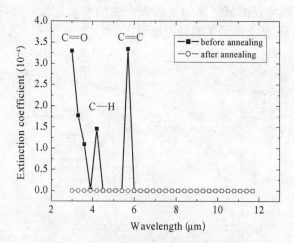

图 4.5　退火对金刚石薄膜消光系数的影响

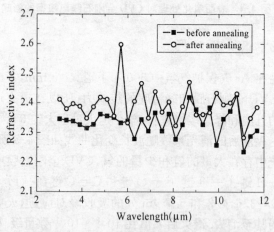

图 4.6　退火对金刚石薄膜折射率的影响

　　CVD 金刚石膜内以 C—C 键结合的 C 原子周期性排列中,无论
是 C=C、C—H 还是 C=O 键都会造成晶格畸变,蕴藏着较高的畸

变能,使薄膜内存在较大的内应力.在高温退火过程中它们将慢慢释放畸变中多余的能量,同时引起薄膜结构重建,O 和 H 原子会沿晶界大量逸出,使 C＝C、C—H 和 C＝O 键有可能向 C—C 单键转化,薄膜自由能降低.另外,由于晶界处的结构比晶粒内部结构疏松,非金刚石相和杂质原子(H、O 等)通常聚集在晶界处.它们使电导率的通路增加而使材料发生电能损耗,使得金刚石薄膜的介电常数增加.晶体内部的杂质原子周围形成了一个很强的弹性应力场,化学势较高;而晶界处结构疏松,化学势较弱.退火明显改善了 CVD 金刚石膜质量,提高了薄膜光学性质.

图 4.7 给出了 CVD 金刚石膜退火前后的 I-V 特性(电极为金点电极),表明退火后薄膜电阻率明显改善,即 CVD 金刚石膜质量明显提高,进一步肯定了前面的结论.同时也可以看出金与金刚石没有很好地形成欧姆接触.

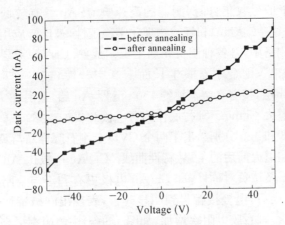

图 4.7 退火对 CVD 金刚石膜电阻率的影响

4.4 CVD 金刚石探测器的制备及其读出电子学系统

半导体探测器应该具有良好的欧姆接触电极,从而避免空间电

荷和外界电注入等效应的影响,提高探测器信噪比和灵敏度.1989 年,
F. Fang 等人[108]报道了用"Si/SiC/金刚石"渐变能级结构实现金刚石
与金属的欧姆接触,使长期困扰人们的金刚石与金属欧姆接触问题取
得了重大突破. 1992 年,V. Venkatesan 等人[109]用 Ti、Ta、W 等金属作
过渡层,再在其上蒸镀 Au 形成金刚石的欧姆接触,同时他们还报道了
用 B 离子注入,再蒸镀 Ti、Au 形成欧姆接触的方法.目前,一般使用Ti-
Pt - Au 三层金属实现金刚石与金属的欧姆接触[110-111].

为了简化金属电极及器件制备工艺,我们提出了 Cr/Au 双层电
极,并通过退火工艺实现了金刚石与金属的欧姆接触[112]. Cr 在一定
条件下(如 400～600 ℃退火等)能与金刚石形成金属碳化物过渡层,
碳化物的形成起类重掺杂作用,表现出低电阻,从而有利于欧姆接
触.同时,这种中间层的形成,也极大地改善了电极附着力,提高了器
件制备合格率和使用寿命.但 Cr 较高的电阻率($\rho=12.5\times10^{-6}\ \Omega\cdot$
cm)不利于信号收集,即探测器的高速响应. Au 具有较低的电阻率
($\rho=2.2\times10^{-6}\ \Omega\cdot$cm)和好的物理化学稳定性,被广泛应用在高性能
器件电极制备中,且各种制备和加工工艺成熟. Cr/Au 双层电极制作
工艺:首先 CVD 金刚石膜生长面上真空蒸镀(或电子束溅射)约
50 nm厚 Cr 层,接着真空蒸镀约 150 nm 厚 Au 层,最后在 Ar 气气氛
中 450 ℃退火 45 min. Si 衬底作为背电极和机械支撑.

图 4.8 和 4.9 分别给出了两个 CVD 金刚石膜样品与 Au、Cr/Au
接触电极在退火前后的 I-V 特性曲线. Cr/Au 电极比 Au 具有更好
的线性关系及正负对称性,即 Cr/Au 电极更有利于与金刚石形成欧
姆接触.退火后,电极接触得到明显改善,表现出欧姆特性.同时,退
火使 CVD 金刚石膜电阻率增加,如图 4.9(a)中电阻率提高了三个多
数量级(这里退火前的电流是实际值除以 1 000 所得),但对于高质量的
CVD 金刚石膜(如图 4.9(b)所示),退火后电阻率略有提高.这是因为
退火改善了 CVD 金刚石膜质量,电阻率增加,质量较差的薄膜中含
有更多的 H,退火工艺对其作用非常明显;另一方面,改善了电极接
触性能,降低了电极与金刚石的接触势垒,电阻率降低,这也正是为

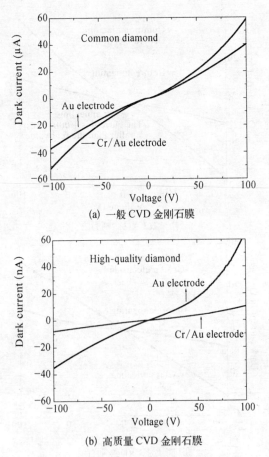

(a) 一般 CVD 金刚石膜

(b) 高质量 CVD 金刚石膜

图 4.8　退火前 CVD 金刚石膜 *I-V* 曲线

什么退火有利于 Cr/Au 电极与 CVD 金刚石膜形成欧姆接触的原因.

图 4.9 同时表明 Si 衬底与 CVD 金刚石膜也形成了欧姆接触,因此在制备探测器时,不需剥离 Si 衬底形成自支撑膜. 这一方面简化了器件制备工艺,尤为重要的是保证 CVD 金刚石膜的完整性和机械性能. 因为 CVD 金刚石膜在沉积过程中,由于晶格失配等方面的因素,使膜内及膜与衬底间存在极大的应力,而且 CVD 金刚石膜本身是多

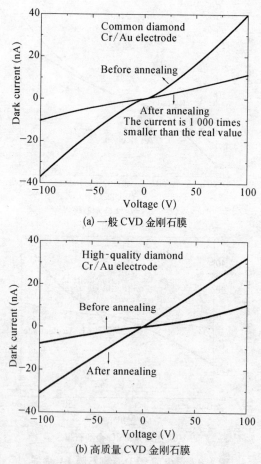

(a) 一般 CVD 金刚石膜

(b) 高质量 CVD 金刚石膜

图 4.9　退火后 CVD 金刚石膜的 *I-V* 曲线

晶结构,在外力作用下很容易破裂. 在金刚石沉积前,将在 Si 衬底上
形成约 4 nm 厚的连续 SiC 层[113],因此 CVD 金刚石膜与 Si 衬底的欧
姆接触特性可归因于"Si/SiC/金刚石"渐变能级结构.

　　根据以上分析和讨论,本部分主要对第二章 HFCVD 法生长的
(100)定向、(100)织构、(110)织构和任意取向四个 CVD 金刚石膜进

行表面氧化和退火等预处理后,制备出 Cr/Au 为顶电极,Si 衬底作背电极和机械支撑的三明治结构(Cr/Au-diamond-Si)探测器,通过退火处理获得欧姆接触电,并将器件封装在 Cu 暗盒中进行引线,连接到外部读出电子学系统,如图 4.10 所示.

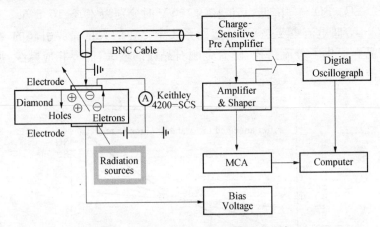

图 4.10　CVD 金刚石探测器测试系统

　　CVD 金刚石探测器输出信号经 Oretec 系列 142IH 电荷灵敏前置放大器、575A 线性成形放大器(Gain=12 k;Shaping-time=3 μs)输入到 Trumppic - 2k 多道脉冲分析器,进行数据采集和处理,以此系统测试并研究了探测器的脉冲高度分布(PHD)和电荷收集效率.辐射源(5.9 keV ^{55}Fe X - rays 和 5.5 MeV ^{241}Am α particles)在室温下大气中置于离探测器 1 cm 处.同时引入 Keithley 4200 - SCS 半导体性能表征系统在线测量了无辐照和 X 射线及 α 粒子辐照下的 CVD 金刚石探测器的电流信号.

4.5　CVD 金刚石探测器性能研究

4.5.1　CVD 金刚石探测器暗电流特性

　　图 4.11 给出了四个 CVD 金刚石探测器暗电流-电压关系曲线.

从图中可以看出,探测器直到 100 V(即电场强度 50 kV·cm⁻¹)都具
有 I-V 线性关系,且正负方向对称,也就是器件直到 50 kV·cm⁻¹都
是欧姆接触. SC 在大约 100 V 后,暗电流偏离直线明显上升,表明器
件在约 100 V 以上已经不是欧姆接触. 另外,探测器暗电流以 SA>
SB>SC>SD 顺序降低,其值在约 100 V 时分别为 20.5、10.5、6.5 和
3.2 nA. 暗电流主要是 CVD 金刚石膜中存在的大量晶界引起的,沿
着晶界提供了分流路径,随着金刚石晶粒的增大,晶界相应减少,暗
电流降低.

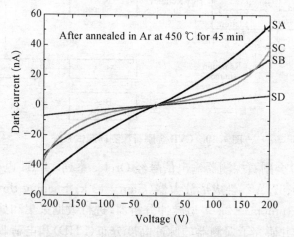

图 4.11   CVD 金刚石膜暗电流-电压特性

探测器 SC 在相对较低的外加电场下暗电流就偏离线性关系,这
可能是由于 SC 的金刚石晶粒是任意取向的,因此存在更多杂乱的晶
界,它们充当导电沟道,在较高电场强度下,这些杂乱的晶界导电性
明显增强甚至表现出隧道电流行为,即暗电流呈指数增加. 而定向或
织构化的 CVD 金刚石膜虽然也存在大量的晶界,如样品 SA 和 SB,
而且晶粒细小,它们应该包含了更多的晶界,但由于金刚石晶粒的取
向性导致晶界也具有取向性,因此在较高电场强度下仍表现出较好
的 I-V 特性. 探测器暗电流-电压特性表明,暗电流强烈地依赖于金

刚石取向程度.

　　我们已经通过光学显微镜和扫描电子显微镜观察了 CVD 金刚石膜表面不同位置的形貌,显示这些样品在整个 2 cm×2 cm 大面积上都非常均匀. 为了更细致地表征薄膜微观均匀性,尤其对探测器具有重要意义的电流特性,图 4.12 随机测量了样品三个不同位置的暗电流特性,曲线在整个偏压范围内都几乎重合,表明这些 CVD 金刚石膜质量非常均匀.

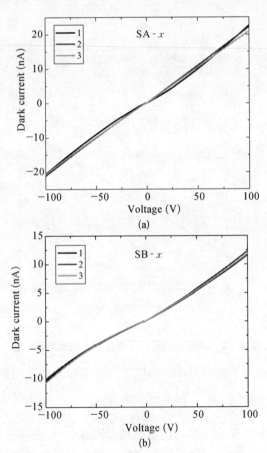

(a)

(b)

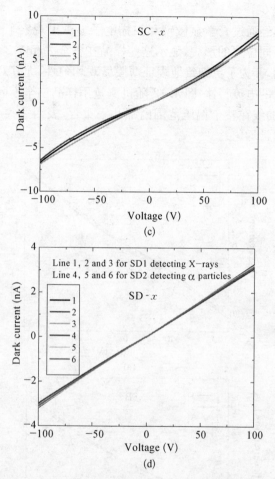

图 4.12 CVD 金刚石膜不同位置上的暗电流特性

表 4.1 列出了在约 100 V 偏压下三个不同位置的暗电流值,同时也计算了最大偏差 $\Delta\chi_{max}$. 以 SA 样品为例,$\Delta\chi_{max} = \dfrac{\mid SA_i - \overline{SA_i} \mid_{max}}{\overline{SA_i}}$,其中 SA_i 表示 SA 的三个不同位置的暗电流,$\overline{SA_i}$ 表示三个暗电流的平均值,$\mid SA_i - \overline{SA_i} \mid_{max}$ 表示三个暗电流与平均值之差的最大值. 从表

中可以看出,其最大偏差都非常小,因此所制备的 CVD 金刚石膜都具有非常均匀的质量.

表 4.1　约 100 V 偏压时 CVD 金刚石膜不同位置上的暗电流及最大偏差

样 品	SA	SB	SC	SD1	SD2
1(4)	−20.499 7	−10.460 8	−6.707 6	−3.191 21	−2.996 17
2(5)	−21.106 53	−10.109 9	−6.472 3	−3.129 64	−3.168 13
3(6)	−20.571 35	−10.755 1	−6.882 86	−3.088 27	−3.116 38
$\Delta\chi_{max}$	1.8%	3.2%	3.2%	1.7%	3.1%

4.5.2　CVD 金刚石 X 射线探测器[114]

本节主要研究 CVD 金刚石探测器对 5.9 keV ^{55}Fe X 射线的电流和电荷响应,详细探讨了薄膜质量(特别是晶粒尺寸)对探测器性能的影响,获得了性能优异的 CVD 金刚石 X 射线探测器.

4.5.2.1　光电流-电压特性

当 X 射线照射 CVD 金刚石探测器时,将在金刚石有效灵敏体积内产生大量的自由载流子(电子-空穴对),它们在外加电场作用下分别向两极迁移并逐渐分离,从而在电极上产生电流信号. 由于 CVD 金刚石膜的多晶特性,薄膜中存在大量的载流子陷阱中心,它们在载流子被收集前会俘获载流子,从而降低探测器可收集到的电信号.因此探测器光电流特性的差别可归因于 CVD 金刚石膜不同的微结构,尤其是晶粒尺寸,它们强烈地影响了探测器的电子学性能[115].静态光电导器件的性能可以利用暗电流和光电流来表征.

图 4.13 显示了 CVD 金刚石探测器对 5.9 keV ^{55}Fe X 射线的光电流响应,这里的光电流是指净光电流,也就是 X 射线辐照下所测得的总电流 I_{total} 减去暗电流 I_{dark},即 $I_{ph}=I_{total}-I_{dark}$.从图中可以看出:

在较低的电压下,光电流与外加电压近似线性关系.四个探测器在正向偏压下光电流在高达 150 V 的外加电压下都具有线性关系,在负偏压条件下光电流在较低的外加电压下也具有线性关系,但在较高的负偏压下光电流偏离线性并表现出不同的特性.探测器 SA、SB 和 SC 具有相似的光电流行为:约−50 V 以上光电流开始变得平缓,但探测器 SC 的变化非常弱.与之相反的是探测器 SD 在较高的偏压下,光电流增幅略有变大.

如果忽略光子在金刚石中的量子效应和光反射,则在恒定电场和欧姆接触条件下,恒定电荷发生引起的电流理论表达式为[116]

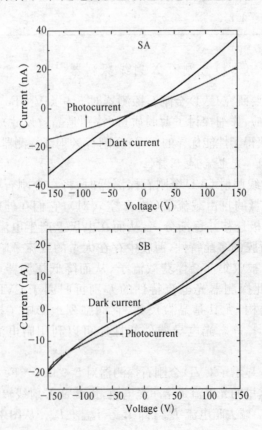

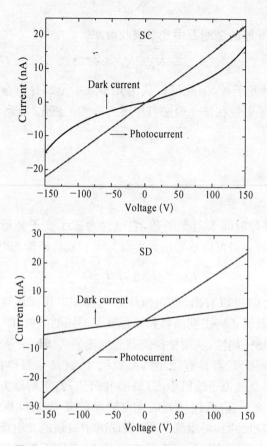

图 4.13 CVD 金刚石 X 射线探测器光电流响应

$$I_{ph} = q \frac{E_{dep}}{\varepsilon_p} \frac{\mu\tau E}{L}, \tag{4.1}$$

其中 q 是电子基本电量,ε_p 是在金刚石中生成一个电子-空穴对的平均能量(约 13.2 eV),$\mu\tau$ 是光生载流子迁移率-寿命乘积,E 是外加电场强度,L 是电极间距即探测器厚度,$E_{dep}(keV \cdot s^{-1})$ 是单位时间沉积的能量,也就是吸收光子数 N_{abs} 和它们能量 E_{phot} 的乘积,即

$$E_{dep} = N_{abs} E_{phot}. \tag{4.2}$$

在 20 μm 厚的金刚石中光学吸收效率

$$\eta_{abs} = N_{abs}/N_0 \approx 0.1, \tag{4.3}$$

N_0 表示发射光子数,因此可以认为光子几乎全部穿过金刚石薄膜,即 5.9 keV X 射线在整个金刚石厚度方向均匀离化. 因此

$$I_{ph} = q \frac{\eta_{abs} N_0 E_{phot}}{\varepsilon_p} \frac{\mu\tau E}{L}, \tag{4.4}$$

假设

$$N_0 = \frac{E_{phot}}{\varepsilon_p} = F_0, \tag{4.5}$$

则 F_0 表示单位时间入射光子数,它已经考虑了光子能量的作用. 根据式(4.4)和(4.5)可以推导出光生载流子和收集模型光电流为

$$I_{ph} = qF_0 \eta_{abs} \mu\tau E/L. \tag{4.6}$$

从式(4.6)可以看出,光电流应该与外加电压成线性关系,但在高的偏压下载流子将受到晶界和其他缺陷的强烈散射,即 μ 和 τ 表现出强烈的电场依赖性,从而使探测器光电流偏离线性关系. CVD 金刚石膜 SA、SB 和 SC 都具有较小的晶粒尺寸,这意味着存在更多的晶界. 因为晶界是载流子陷阱中心(缺陷和杂质)富集的地方,它们能够俘获自由载流子,降低探测器的光电流灵敏度和效率. 探测器 SD 以其最大的晶粒尺寸和最少的晶界,表现出了最强的光电流. 它们在较高负偏压下表现出的相反行为可能和 CVD 金刚石膜织构、晶粒尺寸和空穴导电特性有关,在高的偏压下,暗电流和光电流都非常高. 图 4.13 显示探测器 SB 和 SC 在较高的偏压(尤其是负偏压)下,暗电流的增加严重偏离了线性关系,呈现指数增长,因此光电流也必将偏离线性关系,即表现为增幅减慢. 而探测器 SA 和 SD 的暗电流在整个电压范围内都表现出较好的线性特性,这可能归功于 CVD 金刚石膜的高取向性. 虽然探测器 SA 的暗电流在较高电压下仍具有线性,但由于其晶粒细小,因此严重限制了光电流的收集,也表现出和探测器 SB

与 SC 相似的光电流特性. 而探测器 SD 的光电流特性可归功于金刚石定向生长和大晶粒尺寸, 另外从负电压向正电压扫描时需要一定的时间, 由于金刚石中存在载流子俘获中心, 它们随辐照时间的增加将逐渐被填充, 即极化效应或"priming"效应, 从而使光电流也偏离线性关系, 表现为增幅略微加大.

为了更清楚地研究 CVD 金刚石膜的微结构对探测器性能的影响, 表 4.2 给出了四个 CVD 金刚石 X 射线探测器在 ± 100 V$(E=50$ kV $\cdot$ cm$^{-1})$ 情况下的暗电流和光电流值. 定义探测器光电流与暗电流的比值为探测器信噪比(SNR), 并作了图 4.14 所示的探测器信噪比随金刚石晶粒尺寸的变化关系, 从图中可以看出, 探测器信噪比几乎随着晶粒尺寸的增加线性递增. 随着金刚石晶粒的增加, 薄膜内晶界和陷阱中心密度相应减少, 从而降低了探测器暗电流, 提高了光响应和信噪比. 另外, 当对探测器顶电极施加负偏压时, 器件的信噪比也略高于正偏压工作条件, 这主要归功于薄膜的空穴导电性, 因为在顶电极负偏压工作条件下, 探测器信号主要来源于空穴电流, 而 CVD 金刚石膜一般具有空穴导电特性. 对于(100)定向的 CVD 金刚石 X 射线探测器 SD 来说, 在 50 kV $\cdot$ cm^{-1} 工作电场下信噪比可高达 5 以上, 表现出非常好的探测性能.

表 4.2 CVD 金刚石 X 射线探测器在 ± 100 V 时的暗电流和光电流值

探测器	性　　能	SA	SB	SC	SD
偏压 100 V	暗电流（nA）	22.6	11.6	8.0	3.3
	光电流(nA)	13.2	13.7	15.0	15.9
	信噪比 SNR	0.584	1.181	1.875	4.818
偏压 −100 V	暗电流(nA)	−20.5	−10.5	−6.5	−3.2
	光电流(nA)	−11.5	−11.5	−14.9	−16.8
	信噪比 SNR	0.561	1.095	2.292	5.250

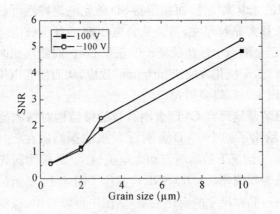

**图 4.14 CVD 金刚石 X 射线探测器信噪比
与金刚石晶粒尺寸的关系**

4.5.2.2 光电流-辐照时间演化特性

为了更深入研究载流子的俘获效应,我们研究了 X 射线辐照下光电流的时间依赖性,如图 4.15 所示,测量时探测器顶电极施加－100 V 的偏压,连续测量 30 min. 经过几分钟稳定后,光电流随辐照时间先较快增加,后增幅变缓并逐渐趋向饱和. 因为辐射探测器测量的是非常微弱的信号,外界的细微变化都足以改变探测器信号,因此,一开始光电流的降低可能是由实验中的一些不稳定因素引起的,如辐射通量、偏压和信号的统计涨落等. 光电流-辐照时间特性进一步证明了 CVD 金刚石探测器 SD 具有最好的性能,并表现出典型的光电流随辐照时间的演化进程.

CVD 金刚石膜的多晶特性使薄膜中存在大量的陷阱中心(缺陷和杂质),它们在载流子被收集前会俘获自由载流子,从而降低输出信号幅度. 随着辐照时间的延长,金刚石薄膜中的陷阱中心逐渐被 X 射线产生的自由载流子所填充而减少,一定时间后(约 20 min),有效陷阱中心数目将处于平衡状态,也就是陷阱中心对自由载流子的俘获和去俘获几率达到动态平衡,这时辐照产生的载流子可以完全被收集,因此光电流趋向于饱和并达到最大值. 这种载流子俘获效应被称为极化效应(即金刚石中体电荷的积累)[117],由于它和"priming"效

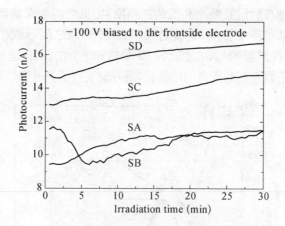

**图 4.15 CVD 金刚石 X 射线探测器光
电流随辐照时间的演化曲线**

应具有相同的物理过程和产生机制,因此当经过一定时间辐照使器件达到稳定后,再进行测量时这种极化效应即为"priming"效应,有利于提高 CVD 金刚石探测器的探测性能. 30 min 连续辐照后,CVD 金刚石探测器 SA、SB、SC 和 SD 的光电流分别达到了 11.5、11.5、14.8 和 16.7 nA,与光电流-电压测量结果很好地吻合.

4.5.2.3 脉冲高度分布

从上面的分析,我们发现金刚石晶粒尺寸极大地影响了探测器性能,探测器 SD 具有最好的薄膜质量和器件性能,而探测器 SB 的电学性能介于 SA 和 SC 之间且综合性能比较接近,并且薄膜 SB 和 SD 都具有(100)织构. 因此下面我们主要分析 CVD 金刚石探测器 SB 和 SD 对 X 射线的脉冲高度分布情况,讨论金刚石晶粒尺寸和探测器工作电压对器件性能的影响.

图 4.16 给出了 CVD 金刚石探测器 SB 和 SD 在不同工作电压下对 5.9 keV X 射线的脉冲高度分布谱(PHD),数据获取时间为 600 s,测量时探测器背电极施加偏压,顶电极接地输出信号.探测器脉冲高度分布峰或最大值都从底部噪声中分离出来,并远在噪声阈值之上,因此探测

器具有非常高的记数效率和低的探测限制. 虽然两个探测器的信号峰都很好地从噪声中分离, 也就是噪声和 PHD 峰之间形成了明显的深谷, 很显然探测器 SD 具有更高的 PHD 峰和更低的深谷, 也就意味着具有更高的记数效率和更高的信噪比, 很好地支持了光电流结果.

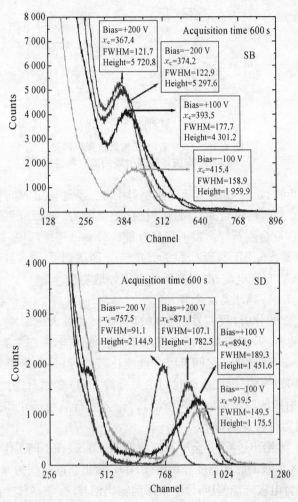

图 4.16 CVD 金刚石 X 射线探测器脉冲高度分布谱

探测器能量分辨率 ε 定义为半高宽(FWHM, ΔE)与全能峰的比值,即 $\varepsilon = \Delta E/E$. 利用微机多道谱仪的数据分析软件 MAESTRO - 32 进行峰的标度,如图 4.16 所示,并计算了 CVD 金刚石 X 射线探测器在不同电压下的能量分辨率,如表 4.3. 探测器 SD 的能量分辨率远远好于 SB,探测器背电极施加负偏压时,可以获得更好的能量分辨率,并且随着偏压的增加,能量分辨率得到明显改善,探测器 SD 在 −200 V 时可获得 12.03% 的能量分辨率. 虽然 CVD 金刚石 X 射线探测器的能量分辨率不高,即 PHD 峰较宽,不适合在光谱测量方面的应用,但当人们对粒子能量分辨率不是很感兴趣或者辐射源的种类已知的条件下,CVD 金刚石探测器可以作为 X 射线辐射监视器或剂量仪. 特别是在医学方面,如 X 射线和 γ 剂量测定,金刚石相对其他固体探测器有其独特的优势,因为它具有和人体组织等效的原子序数(金刚石原子序数 $Z=6$ 接近人体有效原子序数 $Z\approx7.4$)[118]. 同时,金刚石又没有毒性,因此非常适合活体实验,包括体内注入等.

表 4.3　CVD 金刚石 X 射线探测器能量分辨率

背电极偏压(V)	100	200	−100	−200
探测器 SB 能量分辨率(%)	45.16	33.12	38.25	32.84
探测器 SD 能量分辨率(%)	21.15	12.29	16.26	12.03

实验过程中,探测器背电极施加负电压,而顶电极接地并连接到电荷灵敏前置放大器的输入端时,探测器信号主要来源于电子电流. 因为电子在金刚石中比空穴具有更高的载流子迁移率,也即具有更高的迁移速度,因此在运动过程中不容易发生离散效应和损失,有利于提高器件能量分辨率. 同时随着电场强度的增加,载流子运动速度相应增加,也降低了载流子的离散效应和损失,有利于改善器件能量分辨率. 另外,从图中还可以看出偏压的增加也使探测器计数率相应提高,并且负偏压下计数率高于正偏压.

探测器 SB 和 SD 除了薄膜本身的差别外,结构及其他参数都相同,因此能量分辨率的差别主要来自 CVD 金刚石膜微结构上的差别. 通常,半导体探测器的能量分辨率和探测性能主要是由半导体材料的质量所决定[119-120]. 因此,CVD 金刚石 X 射线探测器 SD 好的探测性能可直接归因于高的薄膜质量,尤其是大的晶粒尺寸对探测器性能具有更大的作用. 晶粒尺寸的大小可直接解释探测器能量分辨率的改善和信噪比的提高,这是因为载流子陷阱中心(缺陷和杂质)主要富集在晶界处,而晶粒内较少,也就是载流子俘获和复合主要是发生在晶界处.

4.5.2.4 电荷收集效率和距离

金刚石的电子学性质可以通过测量探测器在带电粒子或光子辐照下的响应特性进行评估,通常使用电荷收集效率(η)和电荷收集距离(δ)来定性地表征 CVD 金刚石探测器性能. 设探测器体内具有均匀一致的离化效应,电荷收集效率(η)定义为:收集到的电荷数 Q_c 与粒子(射线)离化所产生的总电荷数 Q_0 的比值,即

$$\eta = Q_c/Q_0. \tag{4.7}$$

如果所产生的所有自由电荷都被收集,则探测器的电荷收集效率 η 为 1. 然而由于金刚石灵敏体积内大量缺陷和杂质的存在,严重降低了载流子平均自由程,限制了电荷收集和探测性能.

图 4.17(a)和(b)分别给出了 CVD 金刚石探测器 SB 和 SD 背电极施加 ± 100 V ($E=50$ kV·cm^{-1})偏压时对 5.9 keV X 射线的电荷收集效率谱. 从图中可以看出,在 100 V 偏压下 CVD 金刚石 X 射线探测器 SB 和 SD 的平均电荷收集效率分别为 19.0% 和 45.1%,而 -100 V 偏压下平均电荷收集效率分别为 17.9% 和 44.4%,如表 4.4 所列. 低的电荷收集效率可能部分是由薄膜厚度的不均匀性引起的电场在材料中横向伸展造成的,另外还有薄膜多晶特性引起的几何不均匀性[121]. 很明显,探测器 SD 的电荷收集效率远远高于 SB,其最大电荷收集效率可高达 80% 以上. CVD 金刚石膜的多晶特性使得晶

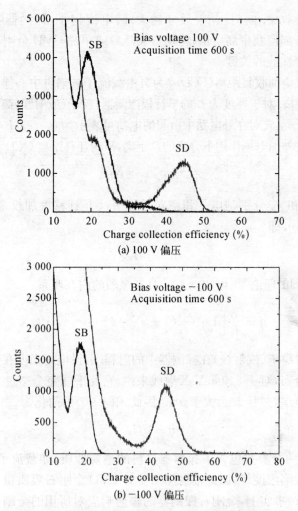

(a) 100 V 偏压

(b) −100 V 偏压

图 4.17　CVD 金刚石 X 射线探测器电荷收集效率谱

界处的缺陷和杂质浓度远高于晶粒内部[122],它们严重地影响了器件电子学性能. 探测器性能的提高主要是由薄膜质量特别是晶粒尺寸引起的,晶粒越大,则晶界和载流子陷阱中心(缺陷和杂质)就越少,因此载流子被俘获几率也越小,这就意味着更多的光生载流子可以被电极所收集.同时,晶粒尺寸越大,暗电流越小,探测器噪声也越小.因此,如何获得高质量,特别是大晶粒或单晶 CVD 金刚石膜是提高探测器性能的关键.

定义电荷收集距离(CCD)δ 为自由载流子被陷阱中心俘获前的平均迁移距离.对于厚度为 L 的平行板探测器,粒子(或射线)离化产生的一个电子-空穴对在外电路中引起的电荷可表示为 $q_c = ex/L$,x 是电子和空穴在外加电场作用下分离的总距离,平均迁移距离 CCD 为

$$\delta = (\mu_e + \mu_h)\tau E, \tag{4.8}$$

其中 μ_e 和 μ_h 分别是电子和空穴迁移率,τ 是迁移率加权寿命.假设 $\mu_e = \mu_h = \mu$,即

$$\delta = \mu\tau E, \tag{4.9}$$

根据 Hecht 理论[123]可知,η 和 δ 具有强烈的内在联系:

$$\eta = \frac{\delta}{L}\left[1 - \frac{\delta}{4G}(1 - e^{-\frac{2G}{\delta}})(1 + e^{\frac{2(G-L)}{\delta}})\right], \tag{4.10}$$

G 是入射粒子(或射线)在探测器中的射程.假设电场强度在整个材料中均匀分布,对于 5.9 keV X 射线来说,它几乎能完全穿过 20 μm 厚的金刚石层,并且 L 远大于 $\mu\tau E$,因此式(4.10)可简化为

$$\eta = \delta/L, \tag{4.11}$$

δ 和 η 这两个参数包含了探测器材料的重要性质,如载流子速度、迁移率和缺陷浓度等,因此辐射探测器对 CVD 金刚石膜质量具有特别高的要求.事实上,金刚石探测器的辐射响应对所用的金刚石质量极端敏感,从这点考虑,δ 和 η 这两个参数也被认为是表征材料质量的指示器.

根据式(4.11)可得探测器的 δ 值,并由式(4.9)计算出 CVD 金刚石膜的 $\mu\tau$ 乘积,均列于表 4.4 中.可见探测器在背电极正偏压时,可以获得更高的电荷收集效率,这主要归功于 CVD 金刚石膜的空穴导

电性. CVD 金刚石探测器 SD 具有更高的电荷收集效率和距离,以及更高 $\mu\tau$ 乘积. $\mu\tau$ 乘积与光电流数据都说明薄膜质量越高,其值也越大,所以提高 CVD 金刚石膜质量可增大探测器的 δ 值,改善其性能. 正如前所述,CVD 金刚石膜质量在衬底边较差,故可以通过生长厚膜,然后通过化学腐蚀和抛光方法除去衬底和近衬底边质量较差的金刚石以提高 $\mu\tau$ 乘积,增强 CVD 金刚石探测器的探测能力.

表 4.4 CVD 金刚石 X 射线探测器性能参数

探测器	背电极偏压（V）	η（%）	δ（μm）	$\mu\tau$（$\mu m^2 \cdot V^{-1}$）
SB	100	19.0	3.8	0.76
	-100	17.9	3.58	0.72
SD	100	45.1	9.02	1.80
	-100	44.4	8.88	1.78

4.5.3 CVD 金刚石 α 粒子探测器[124-125]

通过 CVD 金刚石 X 射线探测器的研究,我们知道探测器 SD 具有最好的探测性能. 本节主要研究四个 CVD 金刚石探测器对 5.5 MeV [241]Am α 粒子的辐照响应,进一步探讨薄膜质量特别是晶粒尺寸对器件性能的影响,结果表明对于 α 这种短射程粒子,CVD 金刚石膜质量对器件性能影响更大. 探测器 SD 也具有最佳的探测性能,由于其机理和 X 射线探测器相同,因此这里重点研究 CVD 金刚石 α 粒子探测器 SD 的性能.

4.5.3.1 净电流-电压特性

图 4.18 给出了四个 CVD 金刚石探测器在 α 粒子辐照下的净电流 I_{net} 随外加电压变化曲线,这里的净电流指的是 α 粒子辐照下的总电流 I_{total} 减去暗电流 I_{dark},即 $I_{net} = I_{total} - I_{dark}$. 从图中可以看出,在正负方向净电流都随着外加电压的增加而增加. 在高达 150 V 的正偏压

和较低负偏压(−50 V)条件下表现出线性关系. 但在更高的负偏压
条件下,虽然探测器 SC 和 SD 的净电流仍表现出线性增长,但探测器
SA 的净电流却偏离线性,表现为增幅减小并趋向于饱和. 而探测器
SB 的净电流在−50〜−125 V 偏压范围内也表现出类似的饱和趋
势,但在−125 V 以上净电流突然增加,这可能是由于在高的偏压下
辐照总电流的指数增加所引起的.

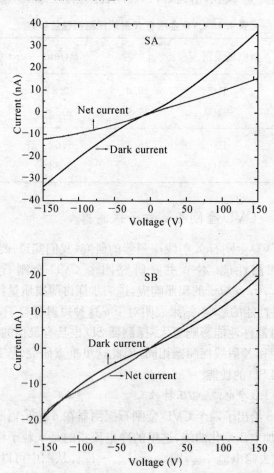

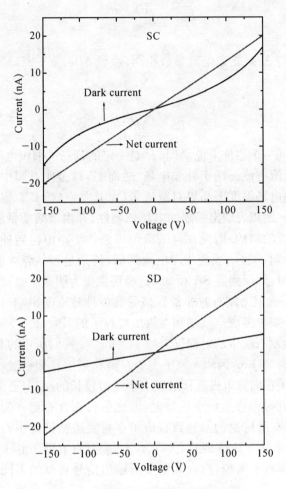

图 4.18 CVD 金刚石 α 粒子探测器的净电流 I_{net}
($I_{net} = I_{total} - I_{dark}$)随偏压变化曲线

当 α 粒子照射 CVD 金刚石探测器时,在金刚石中将产生大量自由载流子(电子-空穴对),它们在外加电场作用下,分别向各自电极迁移,从而在电极上引起瞬时信号,其净电流满足公式:

$$I_{\text{net}} = q \frac{E_{\text{dep}}}{\varepsilon_{\text{p}}} \frac{\mu\tau E}{L}, \qquad (4.12)$$

其中参数与 X 射线光电流参数相同,假设 $M = q \dfrac{E_{\text{dep}}}{\varepsilon_{\text{p}}}$,则上式可简化为

$$I_{\text{net}} = M \frac{\mu\tau E}{L}. \qquad (4.13)$$

对于同一个器件来说,M 和 L 是一定的,而 $\mu\tau$ 乘积也应该恒定,因此,净电流应该正比于外加电场. 然而 CVD 金刚石膜中存在大量晶界,在高电场强度下晶界对载流子(尤其是空穴)具有很强的散射作用,使 $\mu\tau$ 乘积表现出强烈的电场依赖性,并由薄膜质量所决定,受到缺陷浓度的制约. 因此在高的负偏压条件下净电流随外加电场的变化偏离线性关系,表现为净电流降低,特别是当晶界浓度较大,即晶粒较小时,如探测器 SA 和 SB,这种现象更为明显.

α 粒子入射金刚石时非常容易受到各种效应的影响,如离化、碰撞和散射. 如果考虑空气层和电极层对粒子的吸收,5.5 MeV α 粒子在 CVD 金刚石膜中的射程仅为约 14 μm[126]. 我们所用的 CVD 金刚石膜厚度为 20 μm,因此 α 粒子主要在薄膜近生长面被吸收,辐射产生的载流子在向背电极迁移过程中会经历较长的距离,通常 CVD 金刚石膜在近衬底边晶粒小质量差,即比生长面含有更多的缺陷和杂质(如第二章所讨论的),导致载流子在衬底边被陷阱中心俘获的几率大大增加. 由于未掺杂的 CVD 金刚石膜具有 p 型导电,因此对于 α 这种短射程粒子来说,空穴和电子对输出信号贡献的不同地位显得尤为突出.

为了研究 CVD 金刚石膜晶粒尺寸对 α 粒子探测器性能的影响,我们根据图 4.18 获得了 ± 100 V 偏压下探测器的电流值,并定义探测器净电流与暗电流的比值为探测器信噪比(SNR),如表 4.5 所列. 根据表 4.5 数据作出了探测器信噪比与金刚石晶粒大小的关系曲线,如图 4.19 所示.

表 4.5 CVD 金刚石 α 粒子探测器在±100 V 时的暗电流和净电流值

探测器	性 能	SA	SB	SC	SD
偏压 100 V	暗电流(nA)	22.6	11.6	8.0	3.3
	净电流(nA)	9.9	14.5	13.1	13.6
	信噪比 SNR	0.438	1.25	1.638	4.121
偏压 −100V	暗电流(nA)	−20.5	−10.5	−6.5	−3.2
	净电流(nA)	−9.5	−11.7	−13.4	−15.0
	信噪比 SNR	0.463	1.114	2.062	4.688

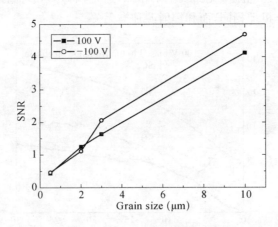

图 4.19 CVD 金刚石 α 粒子探测器信噪比与晶粒尺寸关系

从图中可以看出,随着金刚石晶粒的增大,探测器信噪比几乎线性增加,这是因为对于相同厚度的 CVD 金刚石膜,晶粒越大,则晶界越少,因此晶界对载流子的散射等效应也减小.同时,随着晶粒的增大,薄膜中陷阱中心(缺陷和杂质)减少,对载流子的俘获几率也相应减小.因此,晶粒越大,探测器信噪比越高.当金刚石晶粒较小时,外加电压极性对器件信噪比影响不大,但晶粒较大时,负偏压下 CVD 金刚石 α 粒子探测器的信噪比明显高于正偏压下的信噪比. 当探测器顶电极施加正偏压时,电子迁移距离较短,很快被收集,而空穴要迁移更长的距离且要经过高陷阱中心浓度的衬底面. 当探测器顶电极施加负偏压时,空穴只在生长面附近迁移较短的距离就能被收集. 因此,顶电极负偏压时空穴受到晶界或陷阱中心的散射和俘获几率大大降低,使器件信噪比较高.

4.5.3.2 净电流-辐照时间特性

为了深入研究陷阱中心对载流子的俘获效应,我们测试了 CVD 金刚石 α 粒子探测器顶电极施加 $-100\,V$ 偏压时净电流随 α 粒子辐照时间在 30 min 内的演化过程,如图 4.20 所示. 其演化曲线与 X 射线辐照下的光电流演化曲线基本相似,这是因为 CVD 金刚石辐射探测器的工作机理相同,而和辐射源种类无关.

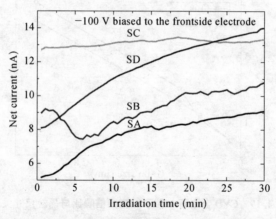

图 4.20 CVD 金刚石 α 粒子探测器净电流随辐照时间的演化曲线

CVD 金刚石膜的多晶特性使晶界处存在各种缺陷和杂质,引入的陷阱中心会俘获在电场驱动下向电极漂移的载流子,从而引起极化效应. 辐照开始初期,大量的陷阱中心不断地被载流子填充而减少,致使净电流随着辐照时间的增加而不断增大. 一段时间后,被俘获的载流子数与释放的载流子数将达到动态平衡,此时光电流也趋向饱和.从图中也可以看出,α粒子辐照 30 min 时,净电流还远没有达到饱和状态,因此与 X 射线探测器相比,CVD 金刚石 α 粒子探测器要获得稳定的净电流需要更长的辐照时间.这可能是因为 α 粒子在金刚石中的短射程引起的,离化主要发生在生长面,从而导致整个薄膜厚度方向的离化不均匀性和载流子迁移距离大,因此陷阱中心的有效填充几率小,这就需要更长的时间使载流子的俘获-去俘获达到平衡,即净电流达到饱和.

从前面的讨论我们知道,极化效应和"priming"效应具有相同的产生机制和本质,可以相互转化.如果将 CVD 金刚石 α 粒子探测器进行一定时间的预辐照,将大大提高器件稳定性和灵敏度,因此,有必要对其进行预辐照来提高探测性能.

4.5.3.3 α粒子辐照前后的暗电流特性

图 4.21 显示了 CVD 金刚石探测器在未辐照和 2 h α 粒子辐照后的暗电流变化情况.经过辐照后,暗电流略有增加($I_{dark2} > I_{dark1}$),I_{dark1} 和 I_{dark2} 分别表示探测器在辐照前后的暗电流.

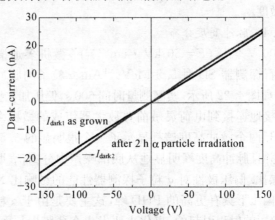

图 4.21 CVD 金刚石 α 粒子探测器辐照前后的暗电流特性:
I_{dark1} 为辐照前探测器暗电流,I_{dark2} 为辐照后探测器暗电流

当高能粒子碰撞金刚石时,原子可能发生碰撞位移,产生替位原子.如果一个粒子替位金刚石点阵中的一个原子并且替位原子又有足够的能量,它就会替代其他邻近的原子.这种现象在重粒子或高能粒子情况下尤为重要,撞击过程中会转移大量的动量给击出原子.然而,Campbell 等人[127]认为二次原子对于金刚石的损伤问题类同于离子注入对金刚石的影响:在生长过程中引入的间隙和空穴是不可移动的,同时由注入而引入的损伤在较低温度下($T<320$ K)是固定的,那么金刚石中由于辐照损伤产生的本征缺陷(空位和间隙)在室温下也应该是稳定的.因此只有"priming"效应而不是辐照损伤才能够解释在经过 α 粒子辐照后,暗电流有所增加的现象.移走辐射源后,被浅能级陷阱中心($<$约 1 eV)[128]俘获的载流子在外加电场作用下将重新释放出来,从而引入额外电流,而深能级的陷阱中心仍将保持"priming"状态[129].深能级陷阱中心在室温下的稳定性对于改善器件探测性能非常重要,我们可以在探测器工作前,通过各种预辐照使器件处于"priming"状态,并且这种"priming"效应在室温无光照条件下可保持一个月以上,从而极大地提高了 CVD 金刚石探测器的工作稳定性和灵敏度.

4.5.3.4 脉冲高度分布

在±100 V 偏压($E=50$ kV·cm^{-1})下,微机多道谱仪测量了 CVD 金刚石探测器 SD 对 5.5 MeV ^{241}Am α 粒子的脉冲高度分布(PHD)谱,如图 4.22 所示.实际测量时间 600 s,偏压加在探测器背电极,顶电极接地连接到电荷灵敏前置放大器组成的微机多道谱仪进行信号输出.两个脉冲高度谱都显示了一个很明显的 5.5 MeV α 粒子能量峰,并且脉冲高度峰明显地从底部噪声中分离,表明器件具有较高的信噪比.偏压极性对 α 粒子探测器性能的影响比 X 射线探测器更大,负偏压下具有更高的 PHD 峰,这主要是由于 α 粒子在金刚石薄膜中较短的射程引起的,离化主要发生在薄膜生长面,载流子在外电场作用下需要迁移较大的距离,因此电子和空穴不同地位的显现更加明显.

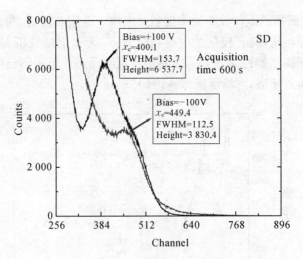

图 4.22 CVD 金刚石 α 粒子探测器 SD 的脉冲高度分布谱

CVD 金刚石膜的多晶特性和大的电子-空穴对产生能量使探测器收集的信号幅度较小,因此 CVD 金刚石 α 粒子探测器的脉冲高度分布峰比较宽,能量分辨率也较差(典型值为 50%)[130],使其不适合作为光谱学应用. 但人们对粒子或射线能量不感兴趣,辐射源种类已知的条件下,CVD 金刚石膜可以很好地作为 α 粒子监视器. 另外,脉冲高度峰明显地高于电子学噪声阈值,也就是在脉冲高度峰和底部噪声之间形成了明显的谷,因此 CVD 金刚石探测器可以用作高探测效率和高信噪比的计数器[131]. 利用 MAESTRO - 32 数据处理软件对谱线进行寻峰,探测器在背电极 100 V 和 −100 V 偏压下,能量分辨率分别为 38.4% 和 25.0%,较好的能量分辨率主要归功于我们所制备的高质量特别是大晶粒尺寸 CVD 金刚石膜,其晶粒尺寸与膜厚之比达到了 50%,远高于文献报道的 10%~20%. 探测器背电极施加负偏压时,主要输出电子电流信号,晶界等缺陷对电子比空穴的散射作用小,因此探测器信号损失小,能量分辨率好.

4.5.3.5 电荷收集效率和距离

薄膜的多晶特性严重影响了其电子学输运性质,使 CVD 金刚石

α 粒子探测器的电荷收集效率强烈地依赖于金刚石质量,与传统的硅基探测器相比,具有较低的电荷收集效率. 为了定量分析 CVD 金刚石 α 粒子探测器性能,图 4.23 显示了探测器经 β 粒子预辐照前后的电荷收集效率谱,电场强度 $E = 50 \, \text{kV} \cdot \text{cm}^{-1}$.

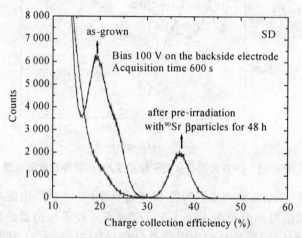

图 4.23　CVD 金刚石 α 粒子探测器在预辐照前后的电荷收集效率谱

从图中可知,未经预辐照的 CVD 金刚石 α 粒子探测器平均电荷收集效率为 19.38%,而经过 ^{90}Sr β 粒子预辐照 48 h 后,平均电荷收集效率提高到了 36.91%,最大电荷收集效率可高达 50% 以上. 很显然,β 粒子预辐照极大地提高了器件性能. α 粒子在金刚石中射程很短(约 14 μm),而器件厚度为 20 μm,由于金刚石晶粒内和晶界处的缺陷和杂质既可以充当载流子陷阱中心也可以充当复合中心,辐射产生的自由载流子在外加电场作用下需要迁移很长的距离,这就意味着它们被俘获的几率很大,极大地降低了探测器对 α 粒子的响应. 从前面的研究可知,经过一定时间的预辐照,可以使器件处于"priming"状态,从而提高探测器的稳定性和灵敏度. 因此,β 粒子预辐照后探测器性能提高可归功于"priming"效应,即陷阱中心大部分被预辐照产生的载流子所填充,也就是深能级陷阱的中性化.

由于 5.5 MeV 的 α 粒子不能完全透过 CVD 金刚石膜,因此电荷收集效率 η 和收集距离 δ 关系可由式(4.10)得到,其中 G 是入射粒子在材料中的穿透深度约 14 μm. 因此 η 和 δ 主要由 μ 和 τ 决定,也就是受到陷阱中心的限制,反之,η 和 δ 的行为也提供了缺陷和杂质的相关信息. 根据式(4.10)可得到如图 4.24 所示的电荷收集效率和收集距离之间的关系曲线,并获得了相应的电荷收集距离分别为 4.23 和 9.25 μm. 由式(4.9)计算得到了 CVD 金刚石膜的 $\mu\tau$ 乘积,均列于表4.6 中. 经过预辐照后,探测器性能得到了明显提高. 经过 β 粒子预辐照48 h 后,CVD 金刚石 α 粒子探测器与 X 射线探测器的 $\mu\tau$ 值基本接近(约 1.8 $\mu m^2 \cdot V^{-1}$),说明 β 粒子预辐照 48 h 后基本上填满了薄膜中陷阱中心,使探测器处于"priming"状态,有效提高了器件探测性能.

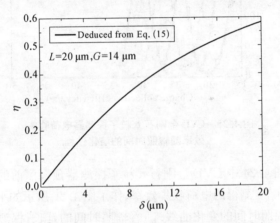

图 4.24 CVD 金刚石 α 粒子探测器电荷收集效率
和收集距离之间的关系曲线

表 4.6 CVD 金刚石 α 粒子探测器性能参数

CVD 金刚石 α 粒子探测器	η（%）	δ（μm）	$\mu\tau$（$\mu m^2 \cdot V^{-1}$）
未预辐照	19.38	4.23	0.85
[90]Sr β 粒子预辐照 48 h	36.91	9.25	1.85

图 4.25 给出了 CVD 金刚石 α 粒子探测器电荷收集效率随辐照时间的演化谱,测试条件为:探测器背电极加 100 V 偏压,数据获取时间 5 s,测试间隔时间 5 min. 随着辐照时间的延长,电荷收集效率不断提高,进一步肯定了"priming"效应对探测器效率的作用.

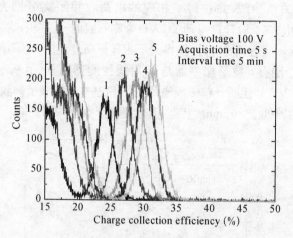

图 4.25   CVD 金刚石 α 粒子探测器电荷收集效率随辐照时间的演化过程

根据图 4.24 中 CVD 金刚石 α 粒子探测器预辐照前的电荷收集效率和图 5.25 测得的电荷收集效率,作了图 4.26 所示的平均电荷收集效率随辐照时间的变化曲线. 随着辐照时间的延长,探测器电荷收集效率从 19.4% 提高到了 31.4%,并且一开始电荷收集效率增加很快,接着增速放慢并趋向稳定,与净电流随辐照时间的变化趋势相一致. 因此,在 CVD 金刚石 α 粒子探测器工作前,为了获得高的探测效率和灵敏度及稳定的探测性能,必须对探测器进行合适的预辐照来使器件处于"priming"状态.

另外,人们对高能粒子探测的兴趣主要因为在探测器中所沉积的能量与材料厚度成正比,从式(4.10)可知电荷收集距离随金刚石

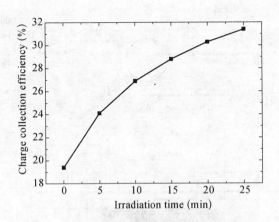

图 4.26　CVD 金刚石 α 粒子探测器电荷收集
效率随辐照时间的变化曲线

层厚度的增加而增加. 然而对于短程入射粒子(如 α 粒子)来说,能量是沉积在材料表面 $10\sim20~\mu m$ 处,因此为了提高 CVD 金刚石 α 粒子探测器的电荷收集效率应该尽量降低金刚石层厚度. 同时,薄的金刚石层也可减小极化效应,也就是材料性质的不均匀性改变,它主要是由短程粒子沿入射面局域化陷阱中心填充作用所引起. 但为使 $5.5~\text{MeV}$ α 粒子的能量能够全部沉积在探测器内,就必须使薄膜厚度 $\geqslant 15~\mu m$.

4.6　CVD 金刚石微条阵列探测器[132]

　　为了提高 CVD 金刚石探测器的一维空间分辨率,1995 年 F. Borchelt 等人[133]提出了 CVD 金刚石微条阵列探测器(Micro-strip detectors)(如图 4.27 所示),近年来 CERN 已经在这方面取得了一些很好的结果[134].

4.6.1　CVD 金刚石微条阵列探测器 ANSYS 模拟

CVD 金刚石微条阵列探测器的电极非常细长,且电极材料与金

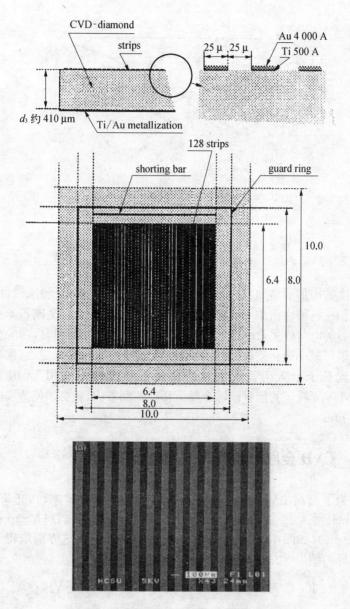

图 4.27 CVD 金刚石微条阵列探测器示意图

刚石的热膨胀系数也不同,在经过长时间的使用及经历周围环境温度的变化,可能会造成热膨胀失配,在金属电极与金刚石接触的界面处因残余应力而产生裂纹,甚至可能造成电极脱落,从而影响探测器稳定性和寿命等老化现象. 在研究探测器的老化问题时,人们往往认为是材料质量因素所引起的,如空位、间隙、沉淀等. 事实上,我们认为电极材料的选择和几何形状的设计也是影响器件老化和稳定性的一个重要因素. 为提高探测器的时间响应和能量分辨率,在电极设计过程中,希望可在有效探测面积内获得相对均匀的电场分布. 为此,本节使用 ANSYS 软件模拟 CVD 金刚石微条阵列探测器在不同条宽、间距和偏压情况下的探测器电场分布情况. ANSYS 是基于有限分析(FEA)理论的一种模拟分析软件,通过模拟得到的结果可以达到优化探测器电极设计的效果,缩短研发时间,为探测器的工艺和性能研究作好准备.

图 4.28 为 CVD 金刚石微条阵列等宽等距,加相同偏压下所得到的模拟结果,各图下的标识表示:电极宽度(μm)-电极间距(μm),电极宽度尺寸由 100 μm 开始,依次减小至 25 μm. 模拟结果表明:电极宽度(电极间距)越小,电场分布越均匀,那么入射粒子在金刚石体内产生的电子-空穴对分别向两电极运动时就容易被收集,有利于提高能量分辨率和时间响应. 可见,宽度和间距应在实际情况允许的前提下尽可能设计得越小越好. 综合考虑实际工艺制备条件和模拟得到的器件电场分布情况,等宽等距 25 μm - 25 μm 的电极设计较为合理.

图 4.29 模拟了电极尺寸为等宽等距(25 μm)的 CVD 金刚石微条阵列探测器在 100~1 000 V 电压下所表现出的电场分布情况. 由图中结果可知,电极等宽等距的金刚石探测器,施加不同偏压时电场分布都比较均匀,所不同的只是内部电场强度不同,所加偏压越高,器件内部场强越强,由入射粒子电离产生的电子-空穴对就越容易被电场分开向电极移动. 不过,并不是所加电场越高越好,CVD 金刚石膜虽然在某些性能上已接近天然金刚石,但多晶特性使薄膜内部存

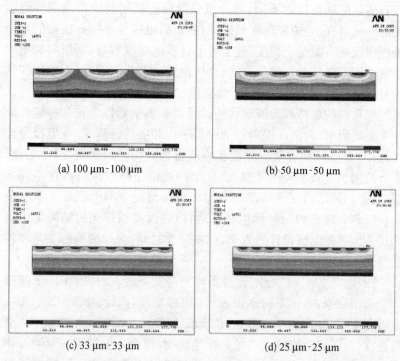

(a) 100 μm-100 μm　　　　　(b) 50 μm-50 μm

(c) 33 μm-33 μm　　　　　(d) 25 μm-25 μm

图 4.28　CVD 金刚石微条阵列等宽等距在相同偏压下的电场模拟结果

在大量的晶界和杂质,因此探测器工作时,还要考虑击穿电压和噪声,使器件不致在高场下失效.

4.6.2　CVD 金刚石微条阵列探测器的制备

利用 HFCVD 法获得了 300 μm 厚的自支撑且两面抛光的 CVD 金刚石膜,LDG-2A 型离子束蒸发台在上下面分别蒸镀 Cr/Au 复合电极,厚度分别为 50/200 nm,生长表面由 MJB6 型光刻机光刻出条宽和间距均为 25 μm 的微条阵列电极,近衬底表面作背电极使用,如图 4.30 所示.电极制备完成后,将样品置于氮气气氛中 450 ℃条件下退火 30 min.再利用金丝球焊将阵列电极与对应的印刷电路板引脚

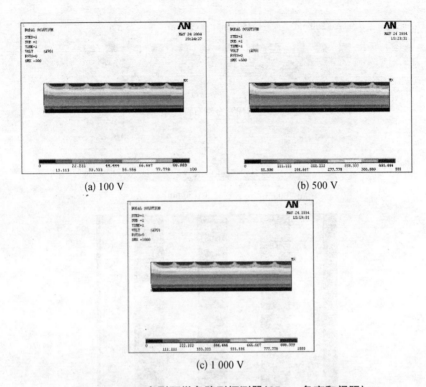

(a) 100 V　　　　　　　　(b) 500 V

(c) 1 000 V

**图 4.29　CVD 金刚石微条阵列探测器(25 μm 条宽和间距)
在不同电压下的电场模拟结果**

相焊接,从而制成 CVD 金刚石微条阵列探测器,图 4.31 给出了探测器芯片和线路板结构图.

4.6.3　CVD 金刚石微条阵列探测器的性能表征

本节研究 CVD 金刚石微条阵列探测器在不同偏压下对 5.5 MeV α 粒子的响应,获得了探测器平均电荷收集效率和能量分辨率随外加电压的变化曲线,如图 4.32 和图 4.33 所示.随着外加电场的增加,电荷收集效率先增加后趋向于饱和,这种变化趋势和公式(4.10)相一致.在电场为 20 kV·cm⁻¹(600 V)条件下,CVD 金

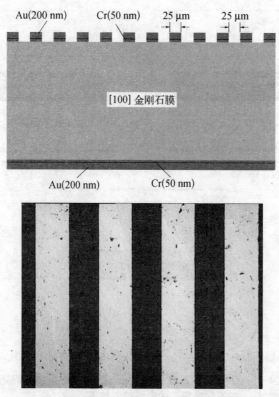

图 4.30　CVD 金刚石微条阵列探测器电极结构示意图

刚石微条阵列探测器的平均电荷收集效率可高达 46.1%. 与单元探测器相比,电荷收集效率明显提高了,这主要可归功于硅衬底和近衬底面质量较差的 CVD 金刚石膜被抛光掉的原因,极大地改善了整个薄膜质量.

　　但电场的增强并不能像电荷收集效率那样改善探测器的另一个重要性能——能量分辨率. 事实上,电荷收集效率的提高伴随着脉冲高度峰的弱化,因此,高的电场并不总是可以提高探测器的能量分辨率. 从图 4.33 可以看出,一开始能量分辨率随电场快速改善,但当电场 $\geqslant 10 \ kV \cdot cm^{-1}$ 时能量分辨率变化很慢并趋向于稳定. 在电场为

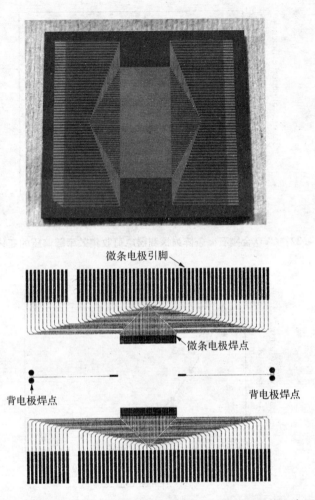

图 4.31　CVD 金刚石微条阵列探测器芯片和线路板结构示意图

$20\,kV \cdot cm^{-1}$（600 V）条件下，CVD 金刚石微条阵列探测器的能量分辨率为 3.9%，明显优于单元探测器. 这主要是因为电极的微条化使电场强度在整个金刚石中分布更均匀，另一方面，衬底面质量较差的金刚石层被抛光掉也有利于提高探测器能量分辨率.

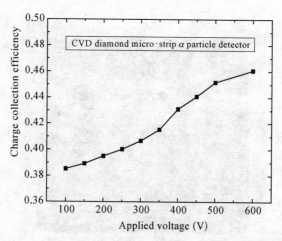

图 4.32 CVD 金刚石微条阵列探测器电荷收集效率随偏压的变化曲线

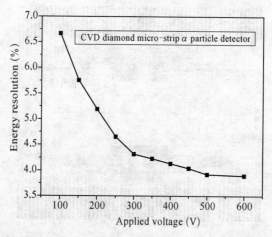

图 4.33 CVD 金刚石微条阵列探测器能量分辨率随偏压的变化

4.7 本章小结

CVD 金刚石膜经过退火和表面氧化等预处理后,薄膜质量明显提高. 经过退火后 Cr/Au 双层电极实现了金属电极与金刚石的欧姆接触,这主要可归功于退火过程中碳化物过渡层的形成. I-V 特性表明器件性能强烈地依赖于金刚石取向程度,即织构化的 CVD 金刚石膜优于任意取向金刚石.

CVD 金刚石探测器的性能强烈地依赖于薄膜质量和微结构,特别是晶粒尺寸[135],随着金刚石晶粒尺寸的增加,探测器记数效率、信噪比、电荷收集效率和能量分辨率等性能明显提高. β 粒子预辐照使探测器处于"priming"态后,CVD 金刚石探测器的电荷收集效率和工作稳定性得到了明显改善,α 粒子电荷收集效率从 19.38% 提高到了 36.91%. 随着外加电压的增加,CVD 金刚石探测器能量分辨率和计数率增加,并且在背电极负偏压下具有更好的能量分辨率和更高的计数率,而背电极正偏压下,探测器具有更高的电荷收集效率,这主要与电子或空穴对探测器信号的不同贡献有关. CVD 金刚石探测器的多晶特性和空穴导电特性对 α 粒子探测器影响更大.

根据 ANSYS 模拟结果和实际工艺条件,在 300 μm 厚的自支撑 CVD 金刚石膜上制备了电极条宽和间距均为 25 μm 的微条阵列 α 粒子探测器. 20 kV · cm^{-1} 电场下电荷收集效率和能量分辨率分别为 46.1% 和 3.9%. 微条阵列探测器性能明显优于单元探测器的主要原因是电极的微条化使电场强度在整个金刚石中分布更均匀和 CVD 金刚石膜质量的提高.

第五章　CVD 金刚石膜/硅为基板的微条气体室研制

基板性能是决定微条气体室(MSGC)探测器性能最关键的因素,尤其是基板表面性能,选择合适的基板可有效克服空间电荷积累效应和基板不稳定性,提高探测器性能.本章成功制备了两种 MSGC 基板:类金刚石(DLC)膜/D263 玻璃基板和 CVD 金刚石膜/Si 基板.

利用 ANSYS 软件模拟了电极几何尺寸和工作电压等因素对探测器电场分布的影响,优化器件设计.并以 CVD 金刚石膜/Si 为基板研制了 MSGC 探测器(阳极微条宽度 7 μm,阴极微条 100 μm,间距 200 μm),5.9 keV ^{55}Fe X 射线分析了探测器在不同工作条件下的性能.当 CH_4 浓度 10%、漂移电压 $-1\ 100$ V、阴极电压 -650 V 时,MSGC 能量分辨率可达 12.2 %,上升时间 ns 级.同时,利用激光掩膜打孔法成功研制了气体电子倍增器(GEM),并形成 MSGC+GEM 改善 MSGC 探测器性能,最大计数率可高达 10^5 Hz,能量分辨率 18.2%.

5.1　微条气体室探测器的工作原理

微条气体室(MSGC)探测器以其独特的性能,可以满足在高计数率和高空间分辨率下工作[136].它显示出很多优点,已在实验上得到初步应用,成为新一代高能物理实验中高分辨率和高计数率径迹探测器的候选者,并正在发展用于 X 射线成像探测器[137-138].MSGC 结构非常简单,它由漂移电极、阳极和阴极微条三个电极组成(如图 5.1 所示).阳极和阴极微条都在同一平面上,是通过微电子加工工艺的方法将金属电极热蒸发到基板上,然后利用光刻技术制作出阴阳极交错排列的微条电极. 一般,电极厚度 100～500 nm、阳极宽度 7 μm、阴极宽度 100 μm、相邻阳极之间的中心间距即微条间距 200 μm,基板为 0.3～0.6 mm 厚的绝缘或微电导平板. 漂移极与阴阳极平面间隔(即漂移区)为 3～5 mm 为漂移区,充以工作气体(如Ar＋ CH$_4$,Ar＋DME 等).

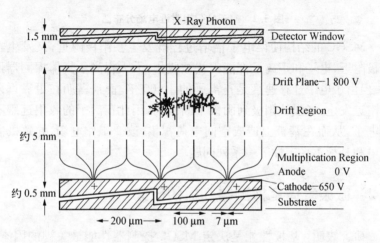

图 5.1　MSGC 截面示意图

探测器工作时,漂移电极加几千伏的负高压(如－1 800 V),阴极加负几百伏的电压(如－650 V),阳极接地输出信号. X 射线或带电粒子由探测窗口射入,在室内使气体产生初电离,原初电子在漂移电场的作用下向阳极运动. 由于阴极和阳极微条间隙很小,且阳极很窄,在靠近阳极附近区域电力线非常密集(如图 5.2 所示),电场强度可高达 10^5 V·cm^{-1} 以上(一般气体在大气压下的雪崩阈值电场约 10^4 V· cm^{-1}[139]),因此电子在此区域发生雪崩放大. 雪崩产生了大量次级电子和正离子,这些正离子和电子在电场作用下向各自的收集电极作漂移运动,分别在阴阳微条电极上产生感生电荷并输出脉冲信号[140].

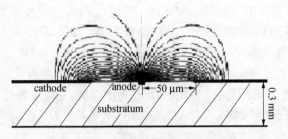

图 5.2   MSGC 阳极附近电场分布图

MSGC 的结构使得电子倍增过程既发生在阳极附近,又发生在阴极附近,电子和正离子都能很快被收集,大大提高了气体探测器性能. 但由于电子迁移速度是正离子的 1 000 倍,而且雪崩在更靠近阳极附近发生,场强从阳极到阴极不断减弱,因此正离子的收集远跟不上电子,从而在基板上造成空间电荷积累,改变工作电场,导致极间放电和基板不稳定性等一系列问题.

5.2   微条气体室探测器基板的研究

研究表明:基板性能是决定 MSGC 探测器性能最关键的因素,尤其是基板表面性能,电阻率是其中最重要的参数,选择合适的基板可有效克服探测器在高辐射剂量、高计数率条件下空间电荷积累效应和基板不稳定性[141],世界上很多实验室都对此进行了大量的研究[142].

MSGC 基板一般选用绝缘或微电导材料,如塑料、玻璃、石英等,而且应尽量薄、面积大,因为漏电流与表面电阻有关,薄的基板可以同时减小电阻和漏电流,能量损耗、散射和光损耗也越少. 为了防止雪崩放大产生的大量正离子在基板表面积累及基板不稳定性,采用低电阻率基板是避免电荷积累的一种有效方法. 根据经验[143],20 ℃下电阻率在 $10^9 \sim 10^{12}$ Ω·cm 间最佳,对于室温下体电阻率在 $10^9 \sim 10^{12}$ Ω·cm 范围内的基板,抵消的正离子可达 10^6 mm^{-2}·s^{-1}. 虽然很多玻璃具有这一电阻率要求,但载流子主要是碱金属离子,在高电场下,往往会经历电解分解,离子如金属似的淀积在阴极条上,导致不可复原的不稳定性.

目前主要采用以下几种方法来改善基板性能,提高 MSGC 稳定性.(1)选择合适基板,如 Schott S8900 电子导电型玻璃,但它虽满足 MSGC 对基板的要求,却很难获得薄片,容易产生多级散射,影响探测器性能[144];(2)通过离子注入改变基板表面电阻率,但因技术原因,难以大面积应用[145];(3)在基板上镀膜,进行表面改性[146].采用玻璃基板上蒸镀半导体材料或 DLC 膜等(如图 5.3 所示)来改善表面电阻率以获得稳定的 MSGC 基板,这方面工作已经取得了巨大成功.

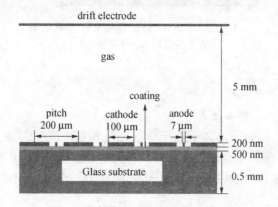

图 5.3　基板表面改性的 MSGC 截面图

DLC 膜与 CVD 金刚石膜一样都具有许多优异性能,如电学、热学和物理化学稳定性及高抗辐照强度等,完全满足 MSGC 探测器对基板的要求,具有诱人的发展前景.其电阻率可以通过调节工艺参数,很方便地控制在 $10^9 \sim 10^{12} \Omega \cdot cm$. CERN-PPE-GDD 工作组与瑞士两家公司合作采用在绝缘基板上镀 100 nm 厚、具有理想电阻率的 DLC 膜和 CVD 金刚石膜,并进行了一系列实验,结果显示电阻率具有优良的时间稳定性,探测器可达到的性能也大大超过了物理学的要求[147].本节主要制备并分析了两种 MSGC 基板:DLC 膜/D263

玻璃基板和 CVD 金刚石膜/Si 基板(如图 5.4 所示).

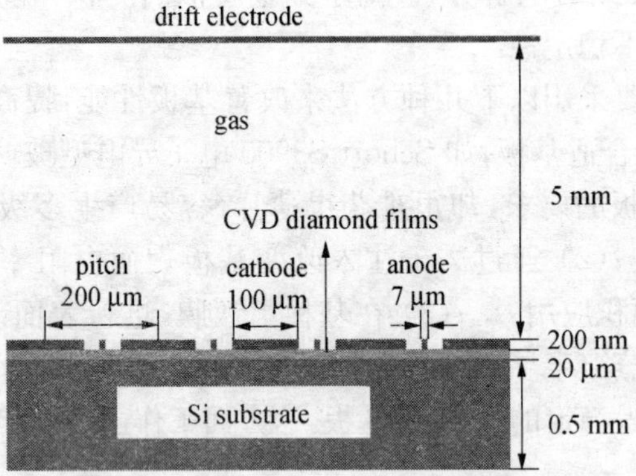

图 5.4 DLC 膜/D263 玻璃和 CVD 金刚石膜/
Si 为基板的 MSGC 截面图

5.2.1 DLC 膜/D263 玻璃基板[148]

5.2.1.1 样品制备

实验采用射频等离子体化学气相沉积(RFPCVD)法在 D263 玻璃基片上沉积 DLC 膜. RFPCVD 系统主要由 JB-PF3B 型高频溅射仪改装而成,即在基板与等离子体之间加上一个直流反偏电压,沉积装置如图 5.5 所示.

实验采用具有光学平整度的 D263 玻璃基片(长×宽×厚=2.0 cm×2.0 cm×0.05 cm),基片在沉积前进行如下清洗:去离子水超声清洗 2 min,丙酮超声清洗 15 min,去离子水超声清洗 2 min 并烘干,然后立即放入反应室. 碳源为高纯 CH_4,反应气体 CH_4:Ar=1:2,反应压强 1.3 Pa,射频频率 13.56 MHz,负偏压 950 V,基片负偏压 200 V,基片温度由水冷控制,膜厚约 1 μm. 并制备了如图 5.6 的 4 种不同结构,进行样品电学性能分析,其中 Au 为面电极,Cr 或 Al 为点电极,点电极半径 0.45 mm,采用 HP 4140B 微电流仪测试其电学特性.

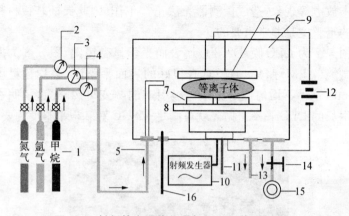

图 5.5 射频等离子体化学气相沉积装置示意图:

1. 气体,2,3,4. 浮子式流量计,5. 进气口,6. 石墨上靶,7. 阴极石墨靶,
8. 永磁铁,9. 真空反应室,10. 射频发生器,11. 循环冷却水,12. 直流偏压,
13. 放气口,14. 减压阀,15. 真空泵+扩散泵抽气系统,16. 真空计

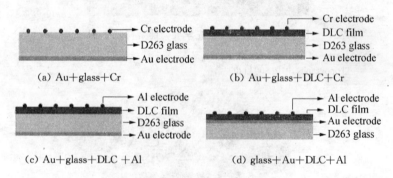

(a) Au+glass+Cr

(b) Au+glass+DLC+Cr

(c) Au+glass+DLC +Al

(d) glass+Au+DLC+Al

图 5.6 四种结构样品示意图:

5.2.1.2 结果分析

MSGC 是在基板上光刻阴阳极微条交互排列的图形,电极厚度约 200 nm,阳极微条宽 7 μm,因此对基板表面平整度要求较高. 基板表面粗糙度将直接影响微条电极形貌,甚至出现微条断裂[149]. 微条均匀性的微小变化将改变电场分布,使 MSGC 工作时出现极端效应,

如端末放电等现象,造成探测器无法正常工作.因此保证基板材料有较好的平整度是非常重要的.

图 5.7 为 DLC 膜/D263 玻璃表面光学显微镜图,图 5.8 为原子力显微镜(AFM)照片.薄膜具有很好的表面平整度,平均粗糙度为 4.25 nm,这种不均匀性对微条电极引起的畸变可忽略.这说明在玻璃上生长的 DLC 膜不需抛光就可满足 MSGC 对基板平整度的要求.

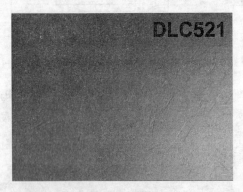

图 5.7   DLC 膜表面光学显微照片(×1 000)

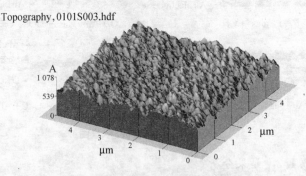

图 5.8   DLC 膜原子力显微镜三维图

碳材料中 sp^2 和 sp^3 杂化成分的比例是决定其多样性的主要因素,含有高 sp^3 杂化成分的非晶碳称为类金刚石(DLC),一般含氢非晶碳(a - C:H)中 sp^3 含量较少[150]. DLC 膜的 Raman 光谱如图 5.9

所示,它有两个特征峰:D 峰和 G 峰,分别对应 sp^3 和 sp^2 杂化. 其中位于 1 589. 61 cm^{-1} 的 G 峰认为是石墨相引起的,具有 E_{2g} 模式,而 1 336. 89 cm^{-1} 处的 D 峰认为是金刚石相引起的,归应于无序晶格 k 矢量转换规则的破坏[151]. sp^2 杂化决定薄膜的电学性质,而 sp^3 杂化成分决定了 DLC 膜的机械性能和其他性质. 从 Raman 光谱中峰的强度还可以看出,D 峰强度是 G 峰的一倍多,而 sp^2 杂化对 Raman 响应是 sp^3 杂化的 75 倍,因此在 D263 玻璃上沉积出的 DLC 膜具有非常高的 sp^3 杂化含量,是一种高品质的 DLC 膜.

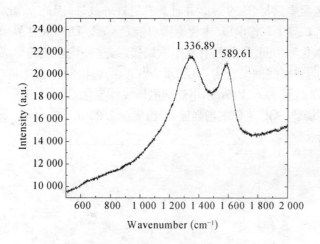

图 5.9　DLC 膜的 Raman 光谱:1 336. 89 cm^{-1}
为 D 峰,1 589. 61 cm^{-1} 为 G 峰

　　DLC 膜的基本电子结构主要由两部分组成:一方面是 sp^3 和 sp^2 杂化的强 σ 键构成了价带中占有的成键态(σ)和导带中空的反键态(σ^*),带宽约 5 eV;另一方面是 sp^2 和 sp^1 杂化的 π 键构成了占有的 π 态和未占有的 π^* 态,它们位于 $\sigma-\sigma^*$ 带隙内,因此决定了材料的有效禁带宽度. 整个原子结构应该是 σ 键和 π 键的混合网络,其中 π 键上的价电子提供了导电载流子,因此 DLC 膜是一种典型的电子导电型材料,而电子导电型材料有助于提高 MSGC 的工作稳定性和降低

电荷积累效应[152].

图 5.10 给出了四个样品的 I-V 曲线,样品(a)与(b)或(c)比较,很明显,D263 玻璃在低场下就表现出非常不稳定的电阻率. 电阻率先随电压急剧增加,然后在 $2.4 \times 10^9 \sim 1.7 \times 10^{10} \Omega \cdot cm$ 范围呈波浪形周期变化. 在电场作用下,碱金属离子快速向玻璃表面迁移,从而导致表面电阻率的下降,内部由于载流子的减少而使电阻率增加. DLC 膜/D263 玻璃(b)和(c)表现了非常好的 I-V 特性,电阻率分别稳定在 $7.2 \times 10^9 \Omega \cdot cm$ 和 $3.3 \times 10^{10} \Omega \cdot cm$. 同时,(b)和(c)曲线也揭示出样品(b)的电阻率只是(c)的 1/4,并且具有更好的线性,因此 Cr 比 Al 更适合在 DLC 膜上制作电极. 主要原因可能是 Cr 与 DLC 膜在界面处形成了 Cr 碳化物中间过渡层,有利于欧姆接触,这种化学键的形成也提高了电极与薄膜间的结合力,有利于 MSGC 的电极制作和光刻. 图 5.10 (d)是 DLC 膜的 I-V 曲线,电流随电压线性变化,其电阻率在 10^4 V·cm^{-1} 高场(MSGC 工作电场强度)下稳定在 $5.2 \times 10^{11} \Omega \cdot cm$.

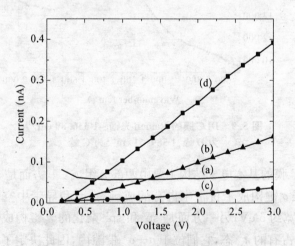

图 5.10　样品 *I*-*V* 曲线图

对于 MSGC 探测器来说,基板电容及稳定性对于器件的时间响应和工作稳定性也有很大影响,因此我们对样品进行了 C-f 曲线分析(如图 5.11 所示). 比较(a)、(b)、(c)曲线可知：经过 DLC 膜改性后,电容值减小且更加稳定,同时(b)的电容值远低于(c),这也说明 Cr 作为电极材料比 Al 更有优势.

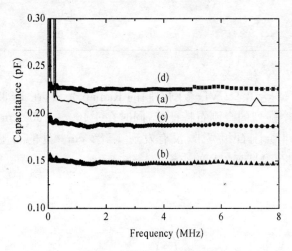

图 5.11   样品 C-f 曲线图

DLC 膜/D263 玻璃用作 MSGC 基板时,取决于 DLC 膜的性能,因此它完全满足 MSGC 基板的最佳要求[153].

5.2.2   CVD 金刚石膜/硅基板[154]

5.2.2.1   样品制备

本实验采用 HFCVD 法在硅衬底上制备 CVD 金刚石膜,沉积前对 n 型(111)单晶硅(20 mm×20 mm×0.5 mm)进行预处理：(1) 用氢氟酸溶液(10%)超声清洗 15 min,去除表面的氧化硅、灰尘和其他可溶性物质;(2) 放入含有金刚石粉末(0.5 μm)的丙酮悬浊液超声 30 min,提高成核密度;(3) 去离子水超声清洗 10 min. 沉积 CVD 金刚石膜的工艺条件见表 5.1 所列. 随后在氮气气氛中 500 ℃退火 45 min 改善薄膜质量,在样品正反两面蒸镀 Au 电极并退火后测试其 I-V、C-f 特性.

表 5.1　HFCVD 法沉积薄膜的工艺条件

参数	时间(h)	碳源浓度(%)	气压(kPa)	基板温度(℃)
成核	2	2	4.0	680
生长	48	0.8	4.0	760

5.2.2.2　结果分析

图 5.12 给出了 CVD 金刚石膜的 Raman 光谱,在 1 332 cm^{-1} 附近出现一个强烈的金刚石特征峰,同时在 1 400～1 600 cm^{-1} 处有一个较弱的非金刚石相宽带,没有发现 1 580 cm^{-1} 处的石墨峰,表明 CVD 金刚石膜具有较高的质量.

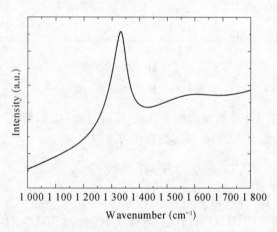

图 5.12　CVD 金刚石膜 Raman 光谱

如前所述,MSGC 探测器制备需要在基板上光刻电极,因此对基板表面平整度要求很高. 采用 HFCVD 制备出的金刚石薄膜表面粗糙度较大,必须进行抛光. 目前国际上较为流行的抛光方法有:机械抛光、化学辅助机械抛光、离子束抛光、阴离子刻蚀、漂浮抛光、电火花烧蚀、激光抛光、热化学抛光等[155]. 本实验采用热化学法对薄膜表面进行抛光. 热化学抛光以碳原子在热金属中的扩散,金刚石转化为石墨以金刚石的氧化为基础. 热化学抛光速率比较高,但随着抛光时间的延长,由于碳在金属中的积累,抛光速率下降. 热金属板的温度要求在 750~950 ℃,随着抛光温度的升高,抛光速率增加. 同时热化学抛光也受周围气氛的影响,抛光 CVD 金刚石膜应该在真空、氢气或惰性气体中进行,950 ℃时在真空中的抛光速率(7 μm · h^{-1})大于在其他气氛中的抛光速率(氢气中 0.5 μm · h^{-1}),但抛光表面质量比在氢气中的差. 因此采用热化学抛光时,应先在真空中抛光,然后再在氢气中进行抛光[156].

图 5.13 是 CVD 金刚石膜抛光前后的 SEM 图,抛光前薄膜晶粒较大,(111)晶形明显,而抛光后金刚石晶粒中突出的角已被磨平,平整度大大增加,粗糙度在 100 nm 以下,满足 MSGC 基板的平整度要求.

(a) 抛光前   (b) 抛光后

图 5.13　CVD 金刚石膜抛光前后的表面形貌

CVD 金刚石膜抛光后的 Raman 光谱(如图 5.14 所示)除了 1 332 cm^{-1}处的金刚石特征峰外,在 1 580 cm^{-1}附近出现了一个很明显的石墨特征峰. 表明经过热化学抛光后,薄膜表面附着较多石墨成分. 石墨具有良好的导电性,薄膜表面的石墨成分将大大增加 CVD 金刚石膜/硅基板的表面漏电流,造成 MSGC 电极短路,因此必须经过处理以去除表面石墨相. 图 5.15 表示抛光后的 CVD 金刚石膜经过清洗处理后的 Raman 光谱，1 580 cm⁻¹ 附近的石墨特征峰消失了．具体清洗步骤为：在浓 H_2SO_4 ＋ HNO_3（1∶1）混合溶液中浸泡 5 min，腐蚀表面石墨，直至无气泡发生；接着放入 HF 溶液中超声清洗 5 min，去除 CVD 金刚石膜表面残余污物和硅衬底表面 SiO_2；去离子水超声清洗 2 min．

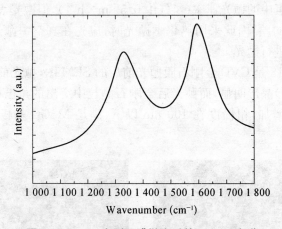

图 5.14 CVD 金刚石膜抛光后的 Raman 光谱

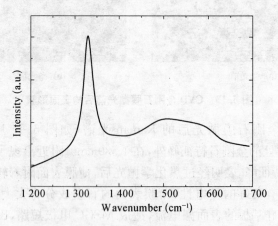

图 5.15 CVD 金刚石膜清洗后的 Raman 光谱

图 5.16 给出了 CVD 金刚石膜/硅基板的 I-V 曲线. 由图可知, 退火后薄膜电阻率明显上升. HFCVD 法制备的金刚石薄膜中一般含有大量晶界, 其结构比晶粒内部疏松, 生长过程中含有的石墨相和杂质原子(H, O)通常聚集在晶界处, 其中部分氢饱和了金刚石中碳的悬挂键, 另一部分则处于电激活状态, 从而使样品的电阻率不高[157]. 在 500 ℃退火 45 min 后, 大量杂质排出, 且处于电激活状态的氢原子转变为非激活状态的氢, 碳原子重构, SP³ 杂化键增多, 电阻率增大, 退火后电阻率约 2.9×10^{10} $\Omega \cdot$ cm. 图 5.17 表明 CVD 金刚石膜/硅基板介电常数具有很好的稳定性且电容值小, 有利于降低 MSGC 输出电容, 减小电子学噪声, 提高探测器信噪比.

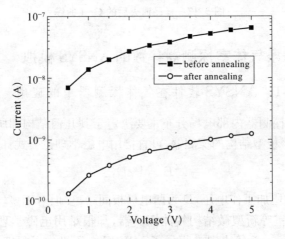

图 5.16 样品退火前后的 *I-V* 特性

CVD 金刚石膜以高抗辐照强度和合适的电阻率等优异性能完全满足 MSGC 基板的最佳要求, 同时硅衬底既可作为机械支撑又可作为背电极, 对其施加一定的负偏压可以进一步削弱电荷积累效应, 因此是一种理想的 MSGC 探测器基板[158].

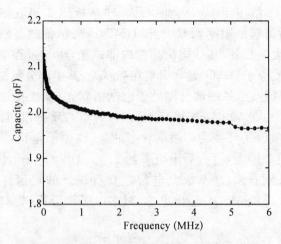

图 5.17　样品退火后的 C‑f 曲线

5.3　微条气体室探测器参数的 ANSYS 模拟

5.3.1　ANSYS 软件在气体探测器中的应用

气体探测器内部电场分布主要决定于其几何结构和所加工作电压,对于平板型结构的探测器,可直接用电磁学理论公式计算:

$$E = V/D, \qquad (5.1)$$

其中 V 为所加工作电压,D 为两电极板间距离. 但对于多丝正比室和微条气体室等新型微结构气体探测器,却很难用电磁学理论直接计算. G. Charpak 等人 [159] 报导了 MWPC 在阳极丝无限细、面积无限大时电位的计算公式:

$$V = q\ln[\sin^2(\pi x/s) + \sinh^2(\pi y/s)], \qquad (5.2)$$

其中 q 为阳极丝电荷密度,s 为阳极丝间距离,x 为以阳极丝圆心为坐标原点沿阳极丝方向的距离变量,y 为垂直于阳极丝方向的距离变量. 但从上式要算出 MWPC 内部各点电场强度和电位,运算量大且复杂,何况气体探测器的几何形状和电极结构多种多样,仅依赖麦氏方程组来计算电场分布显然是不现实的.

目前国外一些软件公司相继推出了几种计算电磁场的专用软件包如 ANSYS、MAXWELL、EMAS 等都可计算电磁场,但却各有侧重,如 EMAS 主要用于计算高频电磁场,MAXWELL 主要用于计算静电磁场.而 ANSYS 是一个应用范围较广的大型软件包,不仅能计算不同器件和设备静态和动态电磁场分布,对其结构稳定性进行分析,同时也能动态分析不同力的作用情况.本节利用 ANSYS 模拟了 MSGC 探测器内部的电场分布,辅助并优化 MSGC 探测器设计.

5.3.2 实验

考虑到 MSGC 电极长度远大于其宽度,模拟时可忽略电场沿电极长度方向的变化,只取 MSGC 截面结构进行二维电场分析就可以获取整个三维电场分布情况,所以在选择单元类型时也要选取二维的,即选择 2D Quad 121.尽管 MSGC 面积很大,但其电极结构具有对称性和重复性,因此也无需将整个探测器内部电场分布都计算出来,只须计算出一个重复单元的电场分布,然后对计算结果作必要处理就可得到整个探测器的电场分布.我们所建立的探测器单元模型包括 5 条阴极、4 条阳极,以保证其对称性和边缘效应.MSGC 中涉及计算电场的材料参数有工作气体和基板相对介电常数,工作气体为 90% Ar+10% CH$_4$,其相对介电常数为 1,基板为 CVD 金刚石膜,相对介电常数为 5.7.

5.3.3 结果与讨论

5.3.3.1 漂移电极电压对电场分布的影响

当 MSGC 阴、阳极微条宽度分别为 100 μm 和 7 μm、间距 200 μm、基板与漂移区 3.4 mm、阴极电压-650 V 和阳极电压 0 V 时,电场分布随漂移电极电压($-1\,000$ V~$-2\,200$ V)的 ANSYS 模

拟结果如图 5.18（a）～（g）所示. 图中所显示的均为 MSGC 中电场强度的矢量形式, 任意点的电场强度方向是与电力线相切的, 通过电场强度的矢量形式可以反映电场分布情况.

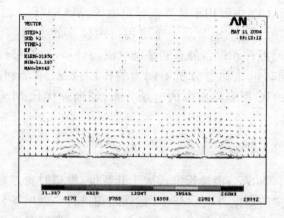

(a) −1 000 V

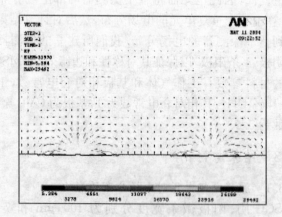

(b) −1 200 V

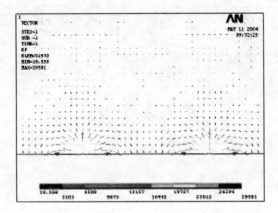

(c) −1 400 V

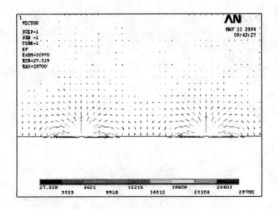

(d) −1 600 V

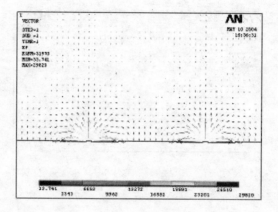

(e) −1 800 V

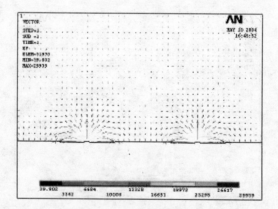

(f) −2 000 V

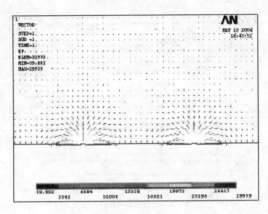

(g) —2 200 V

图 5.18　MSGC 漂移电极电压对电场分布的 ANSYS 模拟

　　为了获得各点电场信息,我们选取 9 个典型节点,如图 5.19 所示,其中 B 点是靠近阳极的第二个节点,C 点是靠近阴极的第二个节点,I 点接近于阴极微条中垂线. 上下两行节点依次对齐,且间距约为 10 μm. 各节点电场强度随漂移电极电压变化的情况如图 5.20 所示. 由于漂移区远大于微条间距,漂移电极电压的变化对这 9 个节点电场强度影响不大. 靠近阳极微条的节点电场强度随着漂移电极电压减小而稍有减小,而靠近阴极微条的节点电场强度随着漂移电极电压减小而稍有增大. 阴、阳微条附近变化趋势不同是由于电场强度是矢量,不仅要考虑大小还要考虑方向,它遵守四边形法则,某节点的总电场强度应为垂直电场强度与水平电场强度的矢量和.

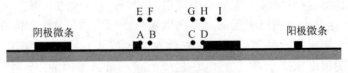

图 5.19　节点位置示意图

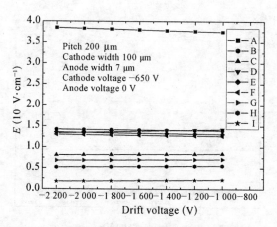

图 5.20　不同节点电场强度随漂移电极电压变化曲线

选择漂移电极电压时主要考虑以下几个因素：首先要使工作气体发生雪崩放大，电场强度就必须大于 10^4 V·cm^{-1}. 我们从图中可看到，无论漂移电极电压取多少，都可以满足雪崩放大的条件. 理论上电场强度越大，则雪崩放大效果就越明显，探测器信号越强. 但当电场强度过大时，会发生放电现象，使电极受到损坏. 因此要选择合适的电压值，如 $-1\,800$ V.

5.3.3.2　阴极电压和宽度对电场分布的影响

探测器漂移电极电压 $-1\,800$ V，其他参数不变，改变阴极电压（$-400 \sim -750$ V）时，各节点电场强度随阴极电压变化的情况如图 5.21 所示.

当阴极电压减小时，阴、阳极之间电势差减小，由于电场强度主要受阴、阳极之间电势差影响，并同方向变化，9 个节点的电场强度均随阴极电压减小而减小. 从图中可以看到，靠近阳极的节点变化趋势较大，这是由于阴极附近垂直方向电场强度增大，某节点总电场强度相对于阳极附近某节点的总电场强度来说降幅较小，即在图中表现为随阴极电压减小，各节点电场强度的减小量是不同的. 另外，相邻两个节点电场强度差也随着阴极电压减小而减小.

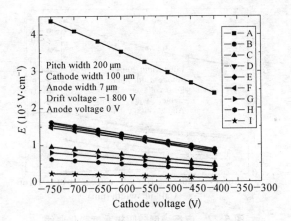

图 5.21　电场强度随阴极电压变化曲线

　　同样,电场强度越大、相邻节点电场强度差越大,则雪崩效果就越明显,但电场强度过大也会对电极造成损伤,因此应选择合适的阴极电压,如−650 V.

　　根据上面的分析,我们选取漂移电极和阴极电压分别为−1 800 V和−650 V条件下,变化阴极宽度(60~140 μm)时各节点电场强度随阴极宽度的变化如图 5.22 所示.在其他条件不变的情况下,阴极宽度增大导致了节点 A 与 D 之间距离的减小,从而使阴、阳极之间各节点电场强度随阴极宽度增大而增大.只有阴极微条中垂线上的那个节点 I 的电场强度随阴极宽度增大而减小,原因在于随阴极宽度增大,节点 I 离微条边缘的距离也就越大,从而减小了电场强度.阴极宽度的变化也改变了电场强度的分布,从而影响气体放大系数.从图中可以看到,当阴极宽度大于 100 μm 后,节点 C、D 等的电场强度随着宽度的增大其变化幅度增大.我们希望电场强度大且线性变化,因此微条间距为 200 μm 时阴极宽度 100 μm 较理想,即阴极宽度为间距一半时最好,这与 J. E. Bateman 等人[160]报道的实验结果相一致.

5.3.3.3　阳极宽度对电场分布的影响

　　阳极宽度变化(5~50 μm)时,各节点电场强度的变化情况如图

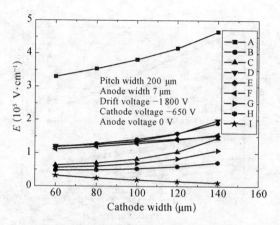

图 5.22   电场强度随阴极宽度变化曲线

5.23 所示.由图中曲线可见,阴极附近的节点 C、D、G、H、I 的电场强度随阳极宽度增大而增大;阳极附近的节点 B、E、F 在阳极宽度大于 10 μm 后,电场强度变化趋势改变;阳极微条边缘上的节点 A 的电场强度起先随阳极宽度增大而减小,后随其增大而增大.说明当阳极宽度超过一定值时,微条附近电场强度变化趋势会改变.为了获得比较平稳变化的电场强度,阳极宽度应不大于 10 μm,但微条宽度过窄会降低电极强度,工作时容易损坏,并考虑实际工艺条件,我们设计为 7 μm.

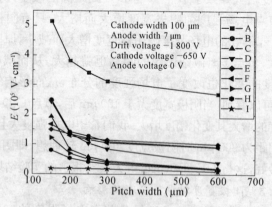

图 5.23   电场强度随阳极宽度变化曲线

5.3.3.4 微条间距对电场分布的影响

改变微条间距($150\sim600\ \mu m$)时,各节点电场强度随间距变化情况如图5.24所示.随着间距增大,节点 A - H 的电场强度均减小,节点 I 的电场强度受微条间距影响较小.并且从图中可看到,$200\ \mu m$ 处是一个明显变化的转折点,另外靠近电极的一行节点 A、B、C、D 的电场强度相对于另一行的对应节点 E、F、G、H 电场强度来说受间距的影响更大.

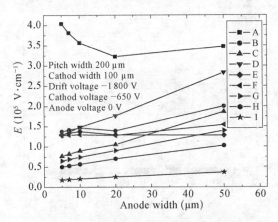

图5.24 电场强度随微条间距变化曲线

MSGC 的输出电荷量 Q 受到电场强度和微条间距的影响.间距越小,电场强度越大,Q 就越大,同时能量分辨率也越好;但 Q 又与气体放大系数有关,间距会影响气体放大系数,当间距很小时雪崩放大区也很小,导致雪崩产生的电子和正离子对减少,并增加了他们之间的复合几率,降低 Q 值.同时,微条间距受工艺条件限制,也不能做得太小.从图中知道 $200\ \mu m$ 是转折点,因此选择间距为 $200\ \mu m$ 较合适.

5.3.3.5 基板厚度对电场分布的影响

节点位置如图5.25所示,图5.26(a)~(c)模拟了基板厚度为10、20和50 μm 时的电场分布.其中 K 是靠近阳极的第二个节点,L 是靠近阴极的第二个节点,I 接近于阴极微条中垂线.图中三行节点等距,且在竖直方向上依次对齐.

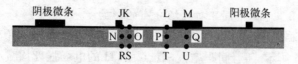

图 5.25 基板上不同节点的位置示意图

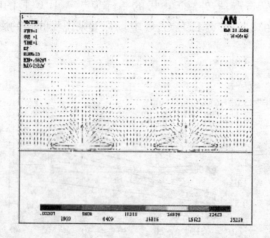

(a) 10 μm

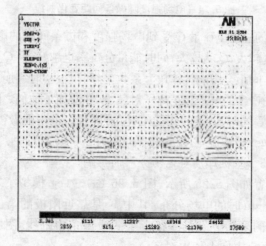

(b) 20 μm

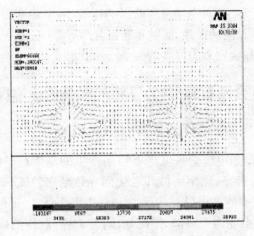

(c) 50 μm

图 5.26 MSGC 基板厚度对电场分布的 ANSYS 模拟

图 5.27 显示了基板厚度对 J、K、L、M 四个节点电场强度的影响（基板上不加电压）. 由图中可知, 阳极附近的节点电场强度随基板厚度增加而增大, 阴极附近的节点电场强度随基板厚度增加而减小, 可见基板厚度对电场分布也有一定影响, 所以在研制 MSGC 时要选择合适的基板厚度. 雪崩主要是发生在阳极附近的, 当基板厚度大于

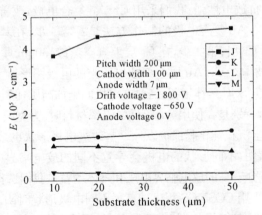

图 5.27 电场强度随基板厚度的变化曲线

$20\ \mu m$ 后,厚度变化对电场强度的影响比较小,电场变得稳定. 但为了减小基板电阻、能量损耗、散射和光损耗等,MSGC 基板应尽量薄. 因此,对于 CVD 金刚石膜厚度约为 $20\ \mu m$ 比较合适.

5.4 CVD 金刚石膜/硅为基板的微条气体室探测器制备

5.4.1 微条气体室探测器电极研究

MSGC 微条电极受高电场下雪崩产生的高能粒子的不断撞击,被激活蒸发、击穿、化学腐蚀和老化而导致断路的概率非常大. 作为电极材料,主要应考虑以下几点:(1)备电阻率低,保证信号传输能力好;(2) 抗放电能力强;(3) 弹性好、附着力强,制作的微条电极表面光洁度好. 但实验表明[161],电极材料的低电阻率和高抗放电能力是矛盾的,电极放电随电极电阻率降低而增加. 电阻率较低的 Au($\rho=2.2\times10^{-6}\ \Omega\cdot cm$)在强电场下容易产生放电,导致电极材料一定程度的蒸发,甚至断裂;而电阻率较高的 Cr($\rho=12.5\times10^{-6}\ \Omega\cdot cm$)表现出较好的抗放电能力,高电压下也不易受损伤. 但较高的电阻率限制了电子收集和信号传输速度,特别是在长微条和快电子情况下. 同时考虑到 Cr 与 DLC 膜及 CVD 金刚石膜能形成中间化合物过渡层,结合性好且抗放电性强. 我们采用 Cr/Au 复合电极,改善电极传输信号的能力. Cr/Au 复合电极的制作方法是:第一步,在基板上真空蒸镀 50 nm 厚 Cr 层;第二步,在 Cr 层上真空蒸镀150 nm 厚 Au 层;第三步,用光刻技术在 Cr/Au 层上刻蚀出所需的电极图形.

为提高 MSGC 气体增益,需要在电极间施加高压,但电压过高易引起电极放电,特别是在使用 Au 等低电阻率材料时. 为克服这个困难,除在微条电极上沉积钝化膜保护以外[162],改进电极形状也是一个有效的措施. 实验表明,不同形状的电极会导致不同的放电临界电压,并对气体增益产生影响,高的放电临界电压和气体增益是我们选择的目标. V. Mack 等人[163]用 COSMOS 程序计算了不同电极形状时阴、阳极末端的最大电场强度,其结果如图 5.28 所示. 从图中可知,在相同条件下,阳极末端的最大电场强度高于阴极末端的电场强度,这表明阳极末端比阴极末端更容易产生放电现象,但在实验中却观察到阴极末端先产生放电.究其原因是因为 COSMOS 程序计算只是作了简单地静电学模拟,不能准确地预测 MSGC 的工作情况,必须在分析中考虑电动力学过程.表 5.2 列出了采用三种不同微条电极形状所获得的阴极放电临界电压和气体增益 [164].很明显,采用 1♯ 设计形状的电极能够获得最高的阴极放电临界电压,同时也能得到最大的气体增益.

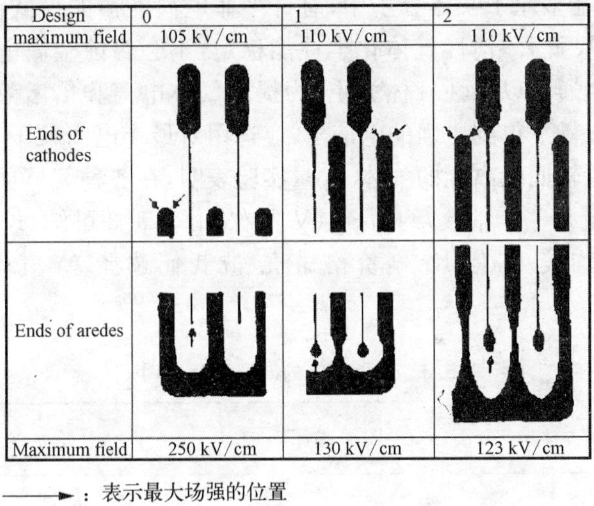

Design	0	1	2
maximum field	105 kV/cm	110 kV/cm	110 kV/cm
Ends of cathodes			
Ends of aredes			
Maximum field	250 kV/cm	130 kV/cm	123 kV/cm

➤ :表示最大场强的位置

图 5.28　三种不同形状的微条电极末端最大电场强度
(阳极宽度:9 μm,阴极宽度:70 μm,中心间距:200 μm,电势阳极电压:0 V,阴极电压:-420 V,漂移电极电压:-1 200 V)

表 5.2　阴极放电临界电压和相应增益

编　　　号	0♯	1♯	2♯
阴极放电临界电压(V)	-455±5	-485±5	-475±5
气体最大增益(V)	1 700	3 300	2 700

5.4.2　微条气体室探测器工作气体研究

原则上,所有气体均会发生雪崩倍增,因而任何气体均可作为工作气体.但通常希望工作气体有低的工作电压、高的倍增因子、好的正比性、高的计数率响应、快速恢复时间及长的寿命等.这些要求有些互相冲突,例如低工作电压往往限制倍增因子的增大.惰性气体中的雪崩倍增过程与复杂分子气体相比,可在低得多的电场中发生,因为在多原子气体分子中,有许多非电离能损的模式消耗了电子的能量.此外,惰性气体化学性能稳定,不会腐蚀金属电极,所以工作气体通常以惰性气体为主.为提高气体电离和倍增效应,在同样入射能量下得到更强的电信号,应选用对最小电离粒子具有较高比电离及较低电离能的气体.大量实验表明,在各种气体中,电离能 W 基本上是一个常数,约为 30 eV 左右.由表 5.3 可知,Kr 气和 Ar 气的 W 均较小,但 Kr 气价格昂贵,故我们选择 Ar 气作为工作气体.

表 5.3　几种气体的电离能 $W(\text{eV})$[165]

气　　体	$W(\alpha$ 粒子)	$W(X, \gamma$ 射线)
He	46.0 ± 0.5	41.5 ± 0.4
N_2	36.39 ± 0.04	34.6 ± 0.3
O_2	32.3 ± 0.1	31.8 ± 0.3
Ne	35.7 ± 2.6	36.2 ± 0.4
Ar	26.3 ± 0.1	26.2 ± 0.2
Kr	24.0 ± 2.5	24.3 ± 0.4
CH_4	29.1 ± 0.1	27.3 ± 0.3
C_2H_4	28.03 ± 0.05	26.3 ± 0.3

以纯 Ar 气为工作气体,在探测器进入永久放电之前,其倍增因子不能超过 $10^3 \sim 10^4$. 这是因为处于激发态的惰性气体能通过发射光子回到基态. 对 Ar 气而言,其发射出的光子最小能量为 11.6 eV,远远高于构成阴极金属成分的电离电位(例如对于 Cu 为 7.7 eV),因此能从阴极表面上引出光电子. 这种光电子能引起新的雪崩,而且是在原初雪崩之后很短时间内发生. 另外 Ar^+ 向阴极迁移,能与阴极上的一个电子中和,能量平衡的结果或是发射一个光子,或是在阴极表面产生次级发射,生成另一个电子. 这两种过程引起的滞后虚假雪崩,即使在中等倍增因子情况下,其几率也足够高到引起永久放电,无法获得性能稳定的气体室探测器. 而多原子分子有极其独特的性能,尤其是当分子含有 4 个以上原子时,具有不产生辐射的激发态,主要是转动能级和振动能级,这些能级能吸收能量范围很宽的光子[166]. 例如 CH_4 可以吸收从 7.9 eV 到 14.5 eV 能量范围的光子,这个范围正好覆盖了由 Ar 原子发射的光子能量,这是大多数碳氢化合物与醇类有机化合物家族以及像 CF_3Br(氟利昂)、CO_2、BF_3 和其他一些非有机化合物的共同特性. 这些分子或是通过弹性碰撞,或是解离成更简单的基团耗散掉过剩的能量而不发生次级发射. 同时多原子电离形成的正离子在阴极上被中和时,也不易观察到次级发射. 这些基团或是重新复合成较为简单的分子(解离过程),或是形成较大的复合体(聚合过程). 将这种多原子分子加入到惰性气体中能很好地吸收光子和抑制次级发射,使探测器在放电之前能获得 $> 10^6$ 的倍增因子,称之为淬灭气体.

在气体探测器中,除了正离子和电子的复合,还存在正离子和负离子的复合. 负离子是由中性气体分子吸附了电子而形成的,负离子的形成减少了自由电子,而且正离子-负离子的复合系数通常比正离子-电子的复合系数大几个数量级. 因此,负离子的存在对探测器的电信号有严重的不利影响. O_2、H_2O 及卤素等气体由于电子附着系数较高,容易吸附电子变成负离子,因此被称作"负电性气体",探测器的工作气体中应尽量排除一切负电性气体. 惰性气体和碳氢化合物气

体的电子附着系数都很低,电子能在这些气体中自由移动而不易被
吸附.

但多原子有机气体的使用对探测器寿命有很大影响,尤其在探
测高通量辐射时,多原子有机气体分子的解离是雪崩的基础,如果
探测器密封的话,这种解离过程将很快消耗掉这些分子. 若倍增系
数为 10^6,假定在每个事例中可探测到 100 个离子对,则在每个事例
中要解离 10^8 个分子. 在一个 10 cm^3 的典型探测器中,工作在正常
的大气压下,充以 90∶10 的惰性气体和淬灭气体的混合气,则大约
可能有 10^{19} 个多原子有机分子,因此这种探测器在探测 10^{10} 个计数
后操作特性将会有本质的变化. 同时多原子有机气体分子解离的产
物是液体或固体聚合物,在阴极和阳极表面沉积,沉积的程度与这
些产物与阴极和阳极材料的亲和性有关. 这些沉积物将使探测器经
受高通量辐照后(约 $10^7 \sim 10^8 \, cm^{-2}$ 计数)工作特性发生变化,即探
测器的老化效应. 另外,探测器面积大,气体窗口薄,也很难做到气
体真正密封.

根据以上的分析,我们选择 $Ar + CH_4$ 作 MSGC 探测器工作气
体,并采用流气式供气方式以防止气体耗尽和纯度降低,提高探测器
的寿命和性能.

5.4.3　微条气体室探测器制备

根据以上讨论及 ANSYS 模拟结果,我们最终设计并制备了
MSGC 探测器芯片如图 5.29(a)、(b)所示,相关工艺和参数如下:

(1) 基板:本实验利用 HFCVD 法在 20 mm×20 mm×0.5 mm
硅片上沉积金刚石薄膜,热化学抛光和表面处理后,CVD 金刚石膜/
硅基板厚度为 20 μm/0.5 mm.

(2) 电极制备:本实验采用 LDG-2A 型离子束镀膜机溅射 Cr,
主要工艺条件为,基板加热温度为 200~230 ℃;充 Ar 前本底真空度
3×10^{-4} Pa;充 Ar 压力 0.3 Pa;溅射速率 1.2 $nm \cdot s^{-1}$,Cr 层厚度
50 nm,接着用真空镀膜机热蒸发 150 nm 厚 Au 层.

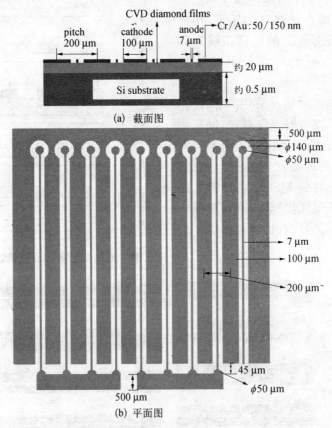

(a) 截面图

(b) 平面图

图 5.29 MSGC 探测器芯片设计模板

（3）光刻：采用 MJB6 型光刻机光刻电极. 光刻工艺经过涂胶、前烘、曝光、显影、后烘、刻蚀和去胶七个步骤. 采用正胶光刻、等离子法干蚀电极，获得阴阳极交错排列的探测器芯片，其阴极宽 $100~\mu m$ 共 101 条，阳极宽 $7~\mu m$ 共 100 条；相邻阳极中心间距 $200~\mu m$；阳极末端为圆形 $\phi 50~\mu m$. 具体步骤流程如图 5.30 所示. 图 5.31 给出了实际制作的 MSGC 探测器芯片的光学显微镜图，其中白色是电极，褐色为基板，黄色为电极末端保护膜.

（4）键合：本实验采用热压键合，即在外热和加压下，用硅铝丝将芯片上的电极引线和印刷电路板上相应的引线连接起来.

（5）封装：采用环氧板作 MSGC 探测器室壁材料，网眼为 $150\ \mu m$ 的不锈钢网作为漂移电极，利用环氧树脂胶进行黏结，将键合好的 MSGC 芯片密封成一个流气式探测器，透明聚酯薄膜作探测器窗口，漂移区高度为 5 mm.

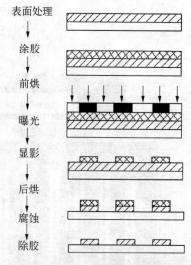

表面处理
涂胶
前烘
曝光
显影
后烘
腐蚀
除胶

图 5.30　光刻工艺流程（正性抗蚀剂）

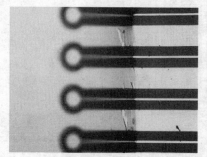

图 5.31　MSGC 芯片电极光学显微镜图

5.5　微条气体室探测器性能研究[167]

5.5.1　微条气体室信号读出电子学系统

MSGC 探测器具有灵敏面积大、读出信号数目多等特点，使读出电路变得非常复杂，并且 MSGC 的高计数率对电荷灵敏前置放大器的快特性要求很高. 解决方法是制作与 MSGC 相应的集成化前置放大器和使用延迟线技术,但各有弊端,综合采用逐丝读出和延迟线技术可缓解这些矛盾[146],即阴极微条连在一起并通过一个保护电阻与负电位相连,而阳极微条(512 条)分成 128 组,每组 4 条;再分为 8 页输出,如图 5.32 所示.这样可保证在某一阳极条损坏的情况下不会影响一组信号的输出.漂移电极施加最高的负电压,以便产生漂移电场,各电极所施加电压为:漂移电极电压-1 000 ~-2 400 V(可调),阴极电压-1 200~0 V(可调),阳极接地并输出信号.

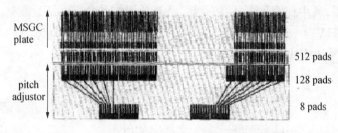

图 5.32 MSGC 探测器的三步读出电子学示意图

MSGC 探测器读出信号经 Oretec 142IH 电荷灵敏前置放大器和575A 线性成形放大器(成形时间 3 μs,增益 10 k)输入到 Oretec Trump - PCI - 2K 多道脉冲幅度分析器进行数据采集、处理和分析(如图 5.33 所示).室温下,机械泵抽气到本底真空度 1 kPa 以下,从气体室一侧通入高纯 Ar+CH$_4$ 的混合气体,各自通过浮子式流量计控制流量,另一侧通过机械泵抽气并调节抽速稳定气体压强为 1 大气压. 采用 5.9 keV^{55}Fe X 射线测量了探测器的能谱响应和脉冲信号,^{55}Fe是测量气体探测器性能非常有用的放射射源,实验中放射源室温下置于大气中,距离探测器窗口 1 cm.

5.5.2 结果与讨论

图 5.34 显示了 MSGC 探测器对 5.9 keV^{55}Fe X 射线的脉冲高度

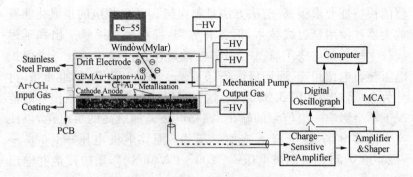

图 5.33 MSGC 探测器测试系统

分布谱,其中探测器工作条件为:漂移极电压(HV1)−1 000 V,阴极电压(HV2)−500 V,阳极为 0 V 进行信号输出,工作气体 Ar+10% CH_4,气压 101.0 kPa,温度 13 ℃.

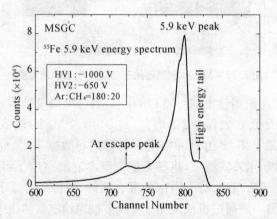

图 5.34 MSGC 探测器对 5.9 keV ^{55}Fe X 射线的脉冲高度分布

从脉冲高度分布谱中可以看出,信号峰明显地与底部噪声分离,探测器具有很高的信噪比. 在 799 道和 725 道出现两个特征峰,分别对应 5.9 keV X 射线的全能峰和 3.2 keV Ar 逃逸峰. 全能峰(光子峰)平均脉冲高度正比于 X 射线的光子能量,逃逸峰的平均脉冲高度正比于入射 X 射线光子与探测气体特征线光子的能量差,是由于退激发时放出的特征 X 射线未在探测器中再次发生相互作用而逸出探测器体积之外形成的[168]. 通常使用全能峰的半高全宽(FWHM)与峰位 E 的比值来表征探测器的能量分辨率,FWHM 满足:

$$FWHM^2 = 236^2\{(F + \delta_{se}^2)w/E_x + \delta_g^2 + \delta_e^2 w^2/(ME_x)^2 +$$
$$0.228^2[1 - \exp(-L/\lambda_a)]^2\}, \tag{5.3}$$

其中 F 为法诺因子,δ_{se} 为电子雪崩响应函数,w 为产生一对电子-离子对所需能量,δ_g 为与几何尺寸不均一相关的函数,δ_e 为几何敏感区,L 为漂移距离,λ_a 为电子粘滞长度.此式表明探测器能量分辨率主要由五项因素决定,第一项是离化效应,第二项是雪崩倍增效应,第三项是几何尺寸效应,第四项是噪声效应,最后一项是由电负性气体引起的杂质吸附效应.

使用 Oretec MAESTRO-32 MCA Emulation Software 对脉冲高度分布谱进行自动标度和寻峰,得到 MSGC 能量分辨率 13%,优于 A. Oed[169]报道的 16%. 这是因为我们在实验中为了提高能量分辨率和简化电子学系统,采取了并条输出的办法,选择 25 组阳极微条中的几组相连进行测试. 从理论上讲,可以进一步保证某一组阳极微条损坏不会影响整个探测器信号的输出,改善能量分辨率,但同时我们牺牲了 MSGC 的空间分辨率.另外,能谱中出现了与 J. E. Bateman[170]报道相同的背景噪声脉冲和一个高能尾,这可能是由墙效应和阴极热点引起的.

计数率是探测器单位时间内记录的脉冲数目. 由于 MSGC 阴阳极间距极小,阳极附近雪崩产生的正离子漂移至阴极仅几十 μs,收集时间约 20~40 ns,和 MWPC 相比有更高的计数率能力($\geqslant 10^6$ Hz). MSGC 输出的脉冲信号数目与被探测的辐射强度成正比,直接记录单位时间内的脉冲数目可以获得核辐射强度.粒子和探测器的相互作用是一个随机过程,并非任何时刻都有信号从探测器输出.另一方面,信号数据的转换、读取和记录过程需要较长时间. 前一信号的处理过程没有结束不能处理下一信号,以免造成混乱,产生系统死时间. 死时间越长, 可能丢失的有用事例就越多, 系统记录数据的效率就越低. 我们在测试过程中设定有效测试时间为 300 s, 由于死时间为 25 ％, 实际测试时间约为 375 s. 由图 5.34 可知, MSGC 在上述情况下对 5.9 keV X 射线的计数率 $\geqslant 10^3$ Hz.

5.5.2.1　阴极电压对微条气体室探测器性能的影响

图 5.35 研究了全能峰计数率随阴极电压的变化情况, 探测器工作条件: 漂移电压(HV1)−1 000 V, 阳极电压 0 V, 工作气体 Ar∶CH$_4$＝180∶20, 压强 101.3 kPa, 温度 13 ℃, 有效测试时间 300 s. 随着阴极电压的增加, 全能峰计数率近似线性增大. 这是因为发生气体雪崩的阴阳极间距很小, 阴极电压的微弱增加将导致雪崩电场的明显增加, 加剧雪崩效应并产生更多的电子-离子对, 且电场的增大使电子和正离子迁移速率加快, 被阳极、阴极收集速度增大, 探测器计数率增大. 但电场过高将导致大量正离子淀积在阴极微条上, 发生放电现象, 甚至损坏电极. 为使探测器正常工作, 阴极电压应控制在一较合适范围.

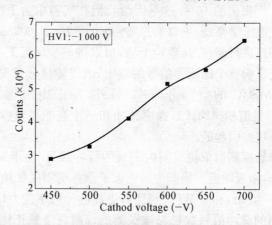

图 5.35　全能峰计数率随阴极电压的变化曲线

图 5.36 表示在 Ar＋10％ CH$_4$ 混合气体和−1 000 V 漂移电压时探测器能量分辨率随阴极电压的变化曲线. 随着阴极电压的增加, 能量分辨率迅速提高并趋于稳定, 这可能归因于电子在更高的阴极

电压下散射效应的降低、收集效率和信号幅度的提高,从而改善探测器能量分辨率.实验结果可以通过函数进行很好的拟合,-650 V 时能量分辨率为 12.3%.由图 5.37 可知,随着阴极电压的升高,全能峰峰位向高道数漂移,这是由气体原子结合能随外界物理条件变化而引起的道飘,即物理极化效应.

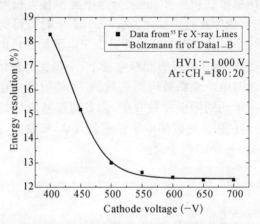

图 5.36　能量分辨率随阴极电压的变化曲线

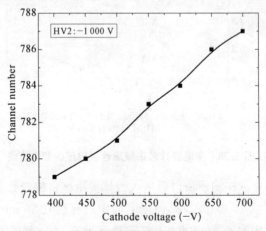

图 5.37　全能峰峰位随阴极电压的变化曲线

5.5.2.2 漂移电极电压对微条气体室探测器性能的影响

图 5.38 和 5.39 分别给出了 MSGC 在 Ar+10% CH₄ 混合气体
和−650 V 阴极电压下全能峰计数率和能量分辨率随漂移电极电压
的变化曲线. 当漂移电压低于−1 500 V 时,全能峰计数率随电压增
加而降低,继续升高时又出现上升现象,并出现了计数率平台,这对
于探测器工作稳定性很重要. 能量分辨率随漂移电极电压先迅速改
善,后又小幅度变坏并趋于稳定,在−1 100 V 时可得到最好的能量
分辨率 12.2%. 能量分辨率的改善是由于电子粘滞长度随漂移电场
迅速上升引起的,而在更高的漂移电场下,小幅度的恶化主要是由于
阴极热点引起的电子歪斜效应所造成的. 有效的电子迁移要求电子
在明显损失前运动到阳极并被收集,因此对漂移电场具有很大的依
赖性. 原初信号的损失可以用电子粘滞长度 λ_a 来表征,在漂移距离 ι
中,信号以 $\exp(-\iota/\lambda_a)$ 因子衰减.

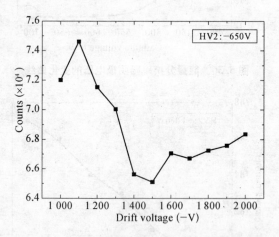

图 5.38 全能峰计数率随漂移极电压的变化曲线

X 射线穿过探测器窗口后进入气体灵敏区将按指数衰减,在 1 大
气压的 Ar 气($\rho=0.001\,78\ \mathrm{g\cdot cm^{-3}}$)中只有约 0.56 mm 的射程,因
而在漂移区内被全部吸收,从而导致脉冲高度分布展宽 $MN_e(1-$

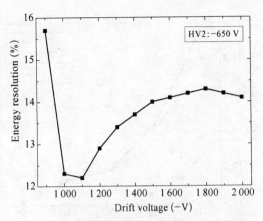

图 5.39　能量分辨率与漂移电极电压的关系

exp（$-L/\lambda_a$）），其中 M 是气体增益，N_e 原初离化电子数. 电子粘滞长度满足公式 $\lambda_a = v\tau$，其中 v 是电子迁移速度，τ 是自由电子寿命. 在低漂移电场下，v 和 τ 都强烈地依赖于电场强度，而随着电场强度的进一步增加，这种依赖关系不断减弱，从而出现了图 5.39 所示的变化关系. 高漂移电场下，能量分辨率的恶化可归结于阴极热点的歪斜效应. 随着漂移电场的增加，漂移区更多的电力线将被拉向阴极热点，造成漂移区的扩散，原初电子云分布也将超出一个阴阳极间距，电子很容易进入阴极热点. 这种阴极热点效应导致在 X 射线脉冲高度分布中高能尾的出现和能量分辨率的恶化.

5.5.2.3　工作气体对微条气体室探测器性能的影响

MSGC 探测器工作条件：漂移电极电压（HV1）$-1\,800$ V，阴极电压（HV2）-650 V，阳极接地，压强 103.2 kPa，温度 13 ℃. 由图 5.40 可知，随着混合气体中 CH_4 含量的增加，全能峰计数率明显下降. 这是因为随 CH_4 含量增加，其对雪崩效应的抑制作用不断增强，雪崩效应产生的电子-离子对数目不断减少，可收集到的信号也相应减少，计数率随之下降.

能量分辨率随 CH_4 浓度的增加先改善后变坏（如图 5.41 所示），在 CH_4 浓度 10% 时可达 14.3%. 恰当地加入 CH_4 这种多原子气体

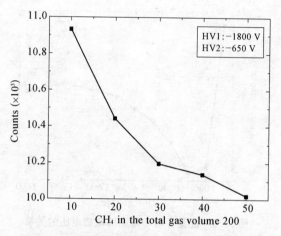

图 5.40   全能峰计数率随 CH₄ 浓度的变化

可有效避免雪崩放大过程中的放电现象,提高探测器的使用寿命和
工作稳定性. 随着 CH₄ 浓度的增加,淬灭效应相应增强,因此电子的
散射现象减弱,有利于提高探测器能量分辨率. 另一方面,CH₄ 浓度
的增加,使得气体增益降低,从而导致信噪比降低,恶化能量分辨率.
这两种相反的作用,使得探测器能量分辨率先提高后降低.

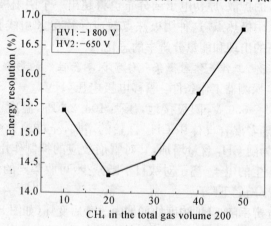

图 5.41   能量分辨率随 CH₄ 浓度的变化

5.5.2.4 微条气体室探测器的时间响应

在 5.9 keV X 射线辐照下,记录到了单个脉冲信号,如图 5.42 所示,幅度为 16 V.测试中成形放大器成形时间设置为 3 μs,上升时间从脉冲信号谱中可以估计为 ns 量级,由此可见探测器具有非常快的时间响应.与上升时间相比,下降时间缓慢,且具有较长的尾巴.这是由于正离子迁移速度慢,当电子全部被收集时,正离子还继续感应脉冲信号.

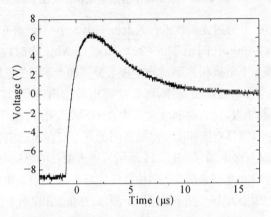

图 5.42 探测器在 X 射线辐照下的脉冲信号

5.6 气体电子倍增器(GEM)的研制[171]

5.6.1 气体电子倍增器

气体电子倍增器(Gas Electron Multiplier, GEM)由于结构简单、性能卓越、兼容性强等优点,自 1997 年 F. Sauli[172]发明以来,就成为研究者关注的热点.如图 5.43 所示,GEM 主要由漂移电极、GEM 复合膜和印刷电路板(PCB)读出电极三层组成,由窗口、PCB 板、进气口和出气口密闭成一个流气式气体室,工作气体通常是惰性气体和淬灭气体的混合,如 Ar+CH$_4$ 等.

GEM 复合膜如图 5.43 中小图所示,它是在 50 μm 厚的 Kapton 薄膜

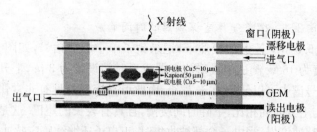

图 5.43　气体电子倍增器结构示意图

上下镀铜电极,并通过光刻技术在其上蚀刻出大小一致、分布均匀的微孔
(孔径 70～140 μm,孔间距 140～240 μm). GEM 工作时,在漂移电极、
GEM 复合膜上下电极和 PCB 读出电极上分别加上不同的电压(电压依次
升高),通常漂移电极加负高压,PCB 接零电位输出信号. 其工作原理与
MSGC 探测器相似,只是雪崩放大发生在 GEM 微孔中. 由于 GEM 微孔
通道直径很小,漂移电极和读出电极之间的电力线在通道中非常密集,从
而产生高强度双级电场(如图 5.44 所示),进入微孔的原初电子在这个电
场中获得足够大的能量去离化更多中性气体原子,从而发生雪崩放大. 放大
后的电子在收集区电场作用下继续向下漂移,并在读出电极上产生信号.

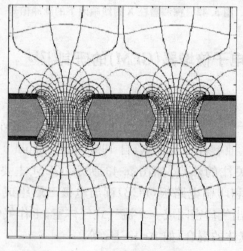

图 5.44　GEM 微孔电场示意图

　　GEM 和其他微结构气体探测器(MPD)相比,最大区别在于气体雪崩放大发生在微孔通道中,而不是阴阳极间,电子放大阶段和信号读出阶段是分开的,不存在其他 MPD 中读出电极在雪崩放大或放电过程中遭到损坏的问题,而且同样能达到高的分辨率和气体增益. 另外,GEM 读出结构的设计也具有更大灵活性. 基于此特性,研究者们将 GEM 作为初级放大,引入到其他 MPD 中形成两级放大气体探测器系统(如 MSGC+GEM),如图 5.45 所示.

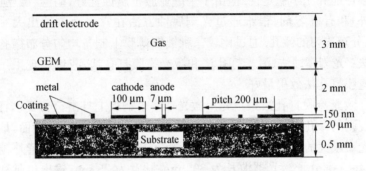

图 5. 45　MSGC+GEM 的截面图

　　由于 GEM 的增益,MSGC 自身的增益和工作电压可大大降低,从而避免因放电引起探测器的损坏,而放电现象是目前气体雪崩放大微结构探测器所面临的最严重问题. 此外 GEM 本身就具有强的防放电损伤能力,这是由 GEM 结构所决定的:GEM 的雪崩放大发生在微孔中. 一方面,GEM 是一个多级器件,离子反馈在孔中得到抑制;另一方面,由于双级强电场产生于微孔中,在远离孔轴的地方发生的雪崩放大会得到抑制,电子雪崩放大都将被限制在几十 μm 的孔中,即使在高增益下也能有效防止放电. GEM 的引入,可使 MSGC 气体增益提高 2～3 个数量级,同时可以有效防止放电现象的发生.

　　GEM 作为一种新型辐射探测器,引起了世界许多实验室的高度重视,并取得了突破性进展,但国内还没有开展这方面的研究. 本节主要通过对 GEM 复合膜制备工艺的系统研究,成功地制备出了 2 cm×2 cm 的 GEM,并组装到 MSGC 探测器中,其中漂移区和收集区高度分别为 2 mm 和 3 mm,以改善 MSGC 探测器性能.

5.6.2　GEM 复合膜的制备

在 GEM 复合膜制备前,我们选择聚酰亚胺(Kapton)薄膜和聚酯薄膜进行电学和稳定性方面的测试,表明 Kapton 薄膜具有非常好的电学性能和化学稳定性. 但由于聚酰亚胺抗腐蚀性好,耐酸、碱(强碱除外)和有机溶剂,很难通过光刻腐蚀方法在它上面刻蚀出大小一致、分布均匀的微孔. 通过比较三种镀铜薄膜上制备均匀分布微孔的方法:光刻腐蚀法、激光打孔法和激光掩膜打孔法,我们发现采用激光掩膜打孔法效果最好.

激光掩膜打孔法是指先用激光在一个铜板上打出符合要求且平列规则的微孔,然后再用这铜板作为掩膜板附在镀铜薄膜表面,最后用光斑较大的激光逐行扫描打孔. 激光掩膜打孔法所用的紫外预电离 XeCl 准分子激光器波长为 308 nm,脉宽为 25 nm,输出单脉冲能量 100～150 mJ,脉冲重复频率为 1～100 Hz 可调. 激光器输出的激光束先经过一光阑选择,挡住光斑中不均匀部分,让光斑中均匀部分透过,以使到达样品的光能量在各个地方尽量一致. 由于激光器出射光斑为竖长方形,为了尽可能多地利用能量,我们采用水平放置的焦距为 $f=200$ mm 的柱透镜来聚焦照射,出射光斑为正方形,大小为 4 mm×4 mm.

图 5.46 是激光掩膜打孔法制得的 GEM 复合膜光学显微镜图,微孔非常均匀整齐. 激光掩膜打孔法制备 GEM 复合膜有如下优点:(1) 可制得均匀的铜掩膜板,铜导热性能和机械性能比薄膜要好得多,容易制备符合要求的微孔;(2) 对铜层电极无损伤,由于铜掩膜板作用,激光不会直接打在 GEM 铜层上,且不会出现飞溅所造成的表面不平整现象;(3) 成品率高,先镀铜后打孔不会出现上下铜层的联接现象,成品率可达 100%.

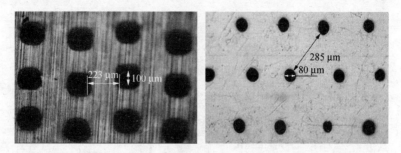

图 5.46 激光掩膜打孔法制得的 GEM 复合膜正反面光学显微镜照片

5.6.3 MSGC+GEM 探测器系统的性能研究

图 5.47 和 5.48 分别显示了 MSGC+GEM 探测器测试系统和 5.9 keV X 射线脉冲高度分布谱,其中探测器工作条件为:漂移电压 $-1\,500$ V,GEM 上电极 -400 V,下电极 0 V,读出电极 438 V,工作气体 Ar+10%CH₄. 阴极加正电压主要是受实验条件限制. 信号峰明显与底部噪声分离,探测器具有较高的信噪比. 在 614 和 1 245 道处出现两个特征峰,其中低道数对应能量为 3.2 keV 的 Ar 逃逸缝,而高道数对应能量为 5.9 keV 的 X 射线全能峰. 使用 MAESTRO - 32 MCA 软件对脉冲高度分布谱进行标定后,计算得能量分辨率为 37.1%.

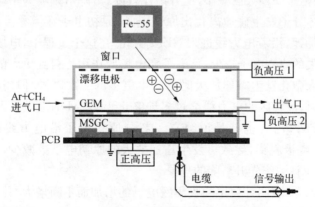

图 5.47 MSGC+GEM 工作示意图

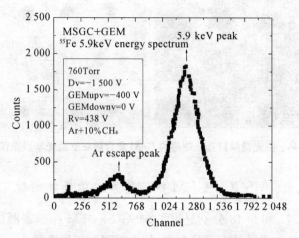

图 5.48　MSGC＋GEM 5.9 keV X 射线脉冲高度谱

5.6.3.1　漂移电场和收集电场对 MSGC＋GEM 探测器系统性能的影响

GEM＋MSGC 气体探测器系统性能除了与自身结构有关外,主要依赖于工作气体[173]和工作电压[174].图 5.49 和图 5.50 分别显示了计数率随漂移电场和收集电场强度的变化曲线.随着漂移区电场的增加,计数率先增大后减小,上升沿比较陡,下降沿则较为平缓.X 射线与气体分子发生碰撞离化出原初电子,原初电子在漂移区电场的作用下加速,沿着电力线进入 GEM 微孔.在这个过程中,电场越强,复合损失的原初电子越少,且电子在电场的作用可得到更大的能量,从而进入微孔发生雪崩放大时可产生更多的二次电子.但当电场继续增大时,漂移区的电力线会过多地终止于 GEM 的上电极,而没有通过 GEM 微孔,也就是说会有一部分原初电子沿电力线运动被 GEM 上电极收集,导致可发生雪崩放大的原初电子数减少,出现图 5.49 所示计数率先升后降的现象.

图 5.50 表明计数率随收集区电场的增加而不断增大,并逐渐趋向饱和,可高达 10^5 以上.随着电场的增加,雪崩放大后的电子受电场

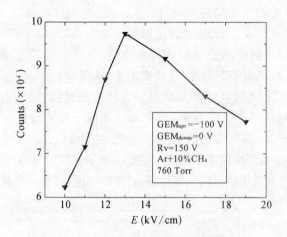

图 5.49   全能峰计数率随漂移区电场的变化

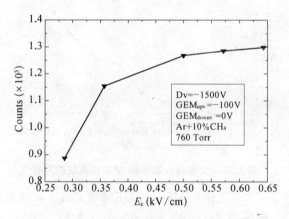

图 5.50   全能峰计数率随收集区电场的变化

力作用增强,在向下漂移过程中被复合的几率降低. 当电场继续增大,复合损失可忽略不计,电子基本被全部收集,所以计数率呈现饱和现象.

5.6.3.2   ΔGEM 电场对 MSGC＋GEM 探测器系统性能的影响

当电子由漂移区进入 GEM 微孔后,因微孔中的强双级电场而发

生雪崩放大,从而实现电子倍增效果. 改变 GEM 上电极电压
(−100～−550 V)和相应漂移电极电压(−1 200～−1 650 V),可得
到在全能峰计数率随 ΔGEM 电场的变化,如图 5.51 所示. 随着 $E_{\Delta GEM}$
的增加,计数率也不断增加,且增幅加快. 从理论上讲,随着 ΔGEM 电
场的增加,GEM 微孔中的双级电场也相应地增加,原初电子在更强
的电场下可获得更多的能量,当它与气体原子发生碰撞时就能产生
更多的离子对,即更多的次级电子. 由于雪崩效应是一个电子产生多
个电子,再由新产生的电子继续产生更多电子的簇射反应,因此电场的
增加可能导致雪崩效应的明显增强,且增幅加速,直至探测器击穿.

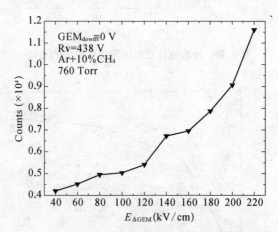

图 5.51　全能峰计数率随 ΔGEM 电场的变化

5.6.3.3　工作气体对 MSGC＋GEM 探测器系统性能的影响

图 5.52 和 5.53 分别给出了 5.9 keV X 射线全能峰计数率和能
量分辨率随 Ar＋CH₄ 混合气体中 CH₄ 比例的变化曲线. 混合气体中
CH₄ 的作用是吸收 Ar 原子发射的光子和抑制多级发射,而 Ar 原子
的多级发射所带来的最直接影响就是出现一些别的能量的粒子. 由
于这些粒子数目不多,且能量分布范围较大,因此不会在谱线中出现
很明显的峰,而只是使连续谱的部分出现差异. 由于多级发射过程很
复杂,且具有一定的随机性,因此谱线的变化也出现随机性.

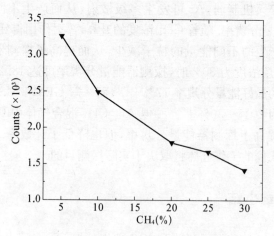

图 5.52　全能峰计数率随 CH₄ 比例的变化

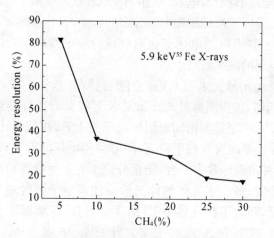

图 5.53　能量分辨率随 CH₄ 比例的变化

　　随着混合气体中 CH₄ 含量的增加,全能峰计数率有明显的下降现象. 这是因为随着 CH₄ 含量的增加,其对雪崩效应的抑制作用不断增强,雪崩产生的电子-正离子对不断减小,计数率随之下降. 随着混合气体中 CH₄ 含量的增加,探测器能量分辨率改善. 原因是 CH₄ 浓度低时其淬灭机制弱,Ar 可发生多级散射,从而产生不同能量的粒子,恶化能量分辨率. 随着 CH_4 浓度的升高,淬灭作用得到增强,因多级散射而产生的不同能量的粒子减少,从而提高了探测器的能量分辨率. 当甲烷浓度为 30％时,探测器能量分辨率可达 18.2％,接近目前所报道的最好能量分辨率 17％[175],而一般 GEM＋MSGC 探测器能量分辨为 20％～30％[176-177]. 但 Ar‐CH_4 混合气体中 CH_4 含量的增加虽然提高了探测器能量分辨率,但也降低了计数率. 因此,究竟采用何种比例的工作气体将取决于实际探测目的.

5.7 本章小结

本章成功地获得了两种 MSGC 理想基板：DLC 膜/D263 玻璃基板和 CVD 金刚石膜/Si 基板. 利用 ANSYS 软件模拟了电极几何尺寸和工作电压等因素对探测器电场分布的影响,优化 MSGC 设计. 结果表明：(1) 漂移电极的电压变化对电场分布的影响不大;(2)电场强度随阴极电压的减小而减小.

利用现代光刻技术在 CVD 金刚石膜/Si 基板上成功地制备了 MSGC 探测器,该探测器对 5.9 keV X 射线具有很好的信噪比和能量分辨率[178]. 一定范围内随着阴极电压的上升,探测器计数率上升,能量分辨率逐渐改善并趋于稳定;随着漂移电压的上升,计数率先降低后上升,并出现计数率平台,能量分辨率先迅速改善后又小幅度变坏并趋于稳定;多原子气体的淬灭效应使得电子散射现象减弱和气体增益降低,随着工作气体中 CH_4 含量上升,探测器计数率逐渐减小,能量分辨率先改善后变差. 当 CH_4 浓度 10％、漂移电压 －1 100 V、阴极电压 － 650 V 时,MSGC 具有较好的能量分辨率 12.2％和快的上升时间 ns 级.

利用激光掩膜打孔法成功研制了气体电子倍增器(GEM),并将其组装到 MSGC 中作为初级放大改善 MSGC 探测器性能,探测器系统计数率可高达 10^5 Hz,能量分辨率 18.2％.

第六章 结 论

本论文以 CVD 金刚石膜为研究对象,制备了探测器级(100)定向 CVD 金刚石膜,并研究了 CVD 金刚石膜的光电性能和缺陷能级;自行设计并建立了辐射探测器读出电子学系统——微机多道谱仪;研制了 CVD 金刚石 X 射线和 α 粒子探测器,并详细讨论了薄膜质量和微结构与 CVD 金刚石探测器性能的内在联系;研制了 CVD 金刚石膜/Si 为基板的微条气体室探测器,并制备了气体电子倍增器(GEM),详细讨论了工作条件对气体探测器性能的影响. 本论文所作的主要工作及得出的结论如下:

1. 通过金刚石粉手工研磨硅衬底表面的预处理方法和控制热丝化学气相沉积工艺条件,成功制备了探测器级(100)定向 CVD 金刚石膜,晶粒尺寸与膜厚的比值达到了 50%,远大于文献所报道的 10%～20%. 这对于 CVD 技术生长高质量多晶和单晶金刚石及其在器件中的应用具有重要的指导意义.

2. CVD 金刚石膜经过退火和表面氧化等预处理后,薄膜质量明显提高. Cr/Au 双层电极经过退火后实现了与金刚石的欧姆接触,这主要归功于退火过程中碳化物过渡层的形成. 退火工艺不但改善了薄膜质量,也改善了薄膜与衬底间的界面层状况,降低了薄膜应力.

3. CVD 金刚石膜的光电性能强烈地依赖于金刚石取向程度,即织构化的 CVD 金刚石膜优于任意取向 CVD 金刚石膜. 利用光电性能研究了 CVD 金刚石膜中的缺陷情况,探讨了其可能来源,并在此基础上提出了宽禁带 CVD 金刚石膜的能带结构. 首次利用 PL 光谱测量发现了 CVD 金刚石膜中 1.55 eV 缺陷能级的存在,并认为它可能来源于与 Si—O 键有关的 $[Si—V]^0$ 中心产生的零声子发光线(ZPL)或振动带.

4. 自行设计并建立了一套能同时满足 CVD 金刚石探测器和微条气体室探测器的通用读出电子学系统——微机多道谱仪,这一系统的建立对开展各类辐射探测器及半导体材料性能表征的研究具有重要的应用价值和指导意义,弥补了国内在此领域的不足,并为今后研究工作奠定了坚实的基础.

5. 在国内首次成功地研制了 CVD 金刚石 X 射线探测器和 α 粒子探测器.

(1) CVD 金刚石探测器的典型性能指标为: 50 kV·cm^{-1}电场时,暗电流 3.2 nA,光电流 16.8 nA(X 射线)和净电流 15.0 nA(α 粒子),信噪比 5.25(X 射线)和 4.69(α 粒子),能量分辨率 16.26%(射线)和 25%(粒子),电荷收集效率 45.1%(X 射线)和 19.38%(α 粒子)等.

(2) 获得了薄膜质量和微结构与 CVD 金刚石探测器性能之间的内在联系:CVD 金刚石膜的多晶特性使探测器性能强烈地依赖于薄膜质量和微结构(特别是晶粒尺寸),随着金刚石晶粒的增大,探测器性能(如光电流响应、记数效率、信噪比、电荷收集效率和能量分辨率等)明显提高.

(3) CVD 金刚石 α 粒子探测器经 β 粒子(或其他高能粒子或射线)预辐照后发生"priming"效应,电荷收集效率和工作稳定性明显改善,预辐照后电荷收集效率从 19.38 %提高到了 36.91 %."priming"效应对 α 粒子探测器比 X 射线探测器具有更大作用,这主要是因为 α 是短射程粒子,薄膜中陷阱中心和空穴导电特性对 α 粒子探测器影响更大.

(4) CVD 金刚石探测器能量分辨率和计数率随偏压增加而提高.背电极正偏压(或顶电极负偏压)下,探测器具有更高的光/净电流和电荷收集效率;而背电极负偏压下,则具有更好的能量分辨率和更高的计数率.这主要与电子或空穴对探测器信号的不同贡献和 CVD 金刚石膜空穴导电特性等有关.

6. 通过 ANSYS 软件优化了 CVD 金刚石微条阵列探测器的设计,研制了 CVD 金刚石微条阵列 α 粒子探测器,20 kV·cm^{-1}电场下电荷收集效率和能量分辨率分别为 46.1% 和 3.9%. 微条阵列探测器性能明显优于单元探测器的主要原因是电极的微条化使电场在整个薄膜中分布更均匀和薄膜质量的提高.

7. 在国内首次成功地在 CVD 金刚石膜/Si 基板上研制了微条气体室探测器.

(1) 当 CH_4 浓度 10%、漂移电压 −1 100 V、阴极电压 −650 V 时, MSGC 对 5.9 keV X 射线的能量分辨率为 12.2%.

(2) 一定范围内随着阴极电压的上升, 探测器计数率上升, 能量分辨率逐渐改善并趋于稳定; 随着漂移电压的上升, 计数率先降低后上升, 并出现计数率平台, 能量分辨率先迅速改善后又小幅度变坏并趋于稳定; 随着 CH_4 含量上升, 计数率逐渐减小, 能量分辨率先改善后变差.

(3) 利用激光掩膜打孔法研制了气体电子倍增器 (GEM), 其组装到 MSGC 中作为初级放大, 气体探测器系统计数率可高达 10^5 Hz, 能量分辨率 18.2%.

本论文主要创新点为:

(1) 通过金刚石粉手工研磨硅衬底表面的预处理方法和控制热丝化学气相沉积工艺条件, 成功制备了探测器级 (100) 定向 CVD 金刚石膜, 晶粒尺寸与膜厚的比值达到了 50%;

(2) 实现了 Cr/Au 双层电极与金刚石的欧姆接触;

(3) 首次利用 PL 光谱测量发现了 CVD 金刚石膜中 1.55 eV 缺陷能级的存在;

(4) 在国内首次成功地研制了 CVD 金刚石 X 射线探测器和 α 粒子探测器, 获得了薄膜质量和微结构与探测器性能之间的内在联系, 并研制了 CVD 金刚石微条阵列 α 粒子探测器;

(5) 在国内首次成功地在 CVD 金刚石膜/Si 基板上研制了微条气体室探测器, 并利用激光掩膜打孔法研制了气体电子倍增器.

参 考 文 献

[1] Bagaturia Y. , Baruth O. , Dreis H. B. , *et al*. Studies of aging and HV break down problems during development and operation of MSGC and GEM detectors for the inner tracking system of HERA-B. *Nucl. Instr and Meth. A*, 2002, **490**: 223 – 242

[2] Bergonzo P. , Hainaut O. , Tromson D. , *et al*. Imaging of the sensitivity in detector grade polycrystalline diamonds using micro-focused X-ray beams. *Diamond Relat. Mater.*, 2002, **11**: 418 – 422

[3] Donato M. G. , Faggio G. , Messina G. , *et al*. Raman and photoluminescence analysis of CVD diamond films: Influence of Si-related luminescence center on the film detection properties. *Diamond Relat. Mater.*, 2004, **13**: 923 – 928

[4] Bruzzi M. , Bucciolini M. , Casati M. , *et al*. CVD diamond particle detectors used as on-line dosimeters in clinical radiotherapy. *Nucl. Instr and Meth. A*, 2004, **518**: 421 – 422

[5] Re V. , Bruinsma M. , Kirkby D. , *et al*. Radiation hardness and monitoring of the BABAR vertex tracker. *Nucl. Instr. and Meth. A*, 2004, **518**: 290 – 294

[6] Bouclier R. , Garabatos C. , Manzin G. , *et al*. Ageing studies with microstrip gas chambers. *Nucl. Instr. and Meth. A*, 1994, **348**: 109 – 118

[7] Bauer C. , Baumann I. , Colledani C. , *et al*. Recent results

from diamond microstrip detectors, diamond detectors collaboration (RD42). *Nucl. Instr. and Meth. A*, 1995, **367**: 202-206

[8] Adam W. , Berdermann E. , Bergonzo P. , *et al.* Performance of irradiated CVD diamond micro-strip sensors. *Nucl. Instr. and Meth. A*, 2002, **476**(3): 706-712

[9] Bavdaz M. , Peacock A. , Owens A. Future space applications of compound semiconductor X-ray detectors. *Nucl. Instr. and Meth. A*, 2001, **458**: 123-131

[10] Schieber M. , Hermon H. , Zuck A. , *et al.* Theoretical and experimental sensitivity to X-rays of single and polycrystalline HgI_2 compared with different single-crystal detectors. *Nucl. Instr. and Meth. A*, 2001, **458**: 41-46

[11] Rossa E. , Bovet C. , Meier D. , *et al.* CdTe photoconductors for LHC luminosity monitoring. *Nucl. Instr. and Meth. A*, 2002, **480**: 488-493

[12] Zhang Minglong, Xia Yiben, Wang Linjun, *et al.* Response of chemical vapor deposition diamond detectors to X-ray. *Solid State Communications*, 2004, **130**: 425-428

[13] Han S. K. , McClure M. T. , Wolden C. A. , *et al.* Fabrication and testing of a microstrip particle detector based on highly oriented diamond films. *Diamond Relat. Mater.*, 2000, **9**: 1008-1012

[14] 吕反修. CVD 金刚石膜的产业化应用与目前存在的问题. 新材料产业, 2003; **7**: 63-67

[15] Mainwood A. Recent developments of diamond detectors for particles and UV radiation. *Semi. Sci. Tech.*, 2000, **15**: R55-R63

[16] Bagaturia Y. , Baruth O. , Dreis H. B. , *et al.* Studies of

aging and HV break down problems during development and operation of MSGC and GEM detectors for the inner tracking system of HERA-B. *Nucl. Instr. and Meth*. *A*，2002，**490**：223－242

[17] 方莉俐. CVD 金刚石薄膜涂层工具的研究概况. 工具技术，2004，**38**：3－6

[18] 祁鸣，杜胜望，王晓华. 硅微条探测器性能的 Monte-Carlo 模拟. 南京大学学报（自然科学版），1997，**44**：527－534

[19] Pini S.，Bruzzi M.，Bucciolini M.，*et al*. High-bandgap semiconductor dosimeters for radiotherapy applications. *Nucl. Instr. and Meth*. *A*，2003，**514**：135－140

[20] Bauer C.，Baumann I.，Colledani C.，*et al*. Recent results from the RD42 Diamond Detector Collaboration. *Nucl. Instr. and Meth*. *A*，1996，**383**：64－74

[21] Dijkstra H.，Horisberger R.，Hubbeling L.，*et al*. Radiation hardness of Si strip detectors with integrated coupling capacitors. *IEEE Trans. Nucl. Sci*.，**1989**，36：591－592

[22] Bruzzi M.，Bucciolini M.，Cirrone G. A. P.，*et al*. Characterization of CVD diamond dosimeters in on-line configuration. *Nucl. Instr. and Meth*. *A*，2000，**454**：142－146

[23] Krammer M.，Adam W.，Berdermann E.，*et al*. CVD diamond sensors for charged particle detection. *Diamond Relat. Mater*.，2001，**10**：1778－1782

[24] Adam W.，Berdermann E.，Bergonzo P.，*et al*. A CVD diamond beam telescope for charged particle tracking. *IEEE Trans. Nucl. Sci*.，2002，**49**：1857－1862

[25] Bruzzi M.，Lagomarsino S.，Nava F.，*et al*.

Characterisation of epitaxial SiC Schottky barriers as particle detectors. *Diamond Relat. Mater.*, 2003, **12**: 1205 – 1208

[26] Zhang Minglong, Xia Yiben, Wang Linjun, *et al.* Performance of CVD diamond alpha particle detectors. *Solid State Communications*, 2004, **130**: 551 – 555

[27] Stone R., Doroshenko J., Koeth T., *et al.* CVD diamond pixel development. *IEEE Trans. Nucl. Sci.*, 2002, **49**: 1059 – 1062

[28] Pace E., De Sio A. Diamond detectors for space applications. *Nucl. Instr. and Meth.* A, 2003, **514**: 93 – 99

[29] Schmid G. J., Koch J. A., Lerche R. A., *et al.* A neutron sensor based on single crystal CVD diamond. *Nucl. Instr. and Meth.* A, 2004, **527**: 554 – 561

[30] Bruzzi M., Bucciolini M., Casati M., *et al.* CVD diamond particle detectors used as on-line dosimeters in clinical radiotherapy. *Nucl. Instr. and Meth.* A, 2004, **518**: 421 – 422

[31] Berqonzo P., Tromson D., Mer C., Radiation detection devices made from CVD diamond. *Semicon. Sci. Tech.*, 2003, **18**: S105 – S112

[32] Charpak G. Use of multiwire proportional counters to select and localize charged particles. *Nucl. Instr. and Meth.* A, 1968, **62**: 262 – 264

[33] Oed A. Position-sensitive detector with microstrip anode for electron multiplication with gases. *Nucl. Instr. and Meth.* A, 1988, **263**: 351 – 354

[34] 张明龙, 夏义本, 王林军. 微条气体室(MSGC)性能改进方案. 核电子学与探测技术, 2003, **2**: 113 – 116

[35] Barr A., Bachmann S., Boimska B., *et al.* Construction,

test and operation in a high intensity beam of a small system
of micro-strip gas chambers. *Nucl. Instr. and Meth. A*,
1998, **403**: 31 - 56

[36] Oed A. Properties of micro-strip gas chambers (MSGC) and
recent developments. *Nucl. Instr. and Meth. A*, 1995, **367**:
34 - 40

[37] Bouloqne I. , Daubie E. , Defontaines F. , *et al.* Aging tests
of MSGC detectors. *Nucl. Instr. and Meth. A*, 2003, **515**:
196 - 201

[38] Mack V. , Brom J. M. , Fang R. , *et al.* Factors influencing
the performances of micro-strip gas chambers. *Nucl. Instr.
and Meth. A*, 1995, **367**: 173 - 176

[39] Cicoqnani G. , Feltin D. , Guerard B. , *et al.* Stability of
microstrip gas chambers with small anode-cathode gap on
ionic conducting glass. *Nucl. Instr. and Meth. A*, 1998,
416: 263 - 266

[40] Boimska B. , Bouclier R. , Capeans M. , *et al.* Progress with
diamond over-coated microstrip gas chambers. *Nucl. Instr.
and Meth. A*, 1998, **404**: 57 - 70

[41] Albert E. , Angelini A. , Bastie C. , *et al.* Performance of a
prototype of the microstrip gas chambers for the CMS
experiment at LHC. *Nucl. Instr. and Meth. A*, 1998, **409**:
70 - 72

[42] Ageron M. , Albert A. , Barvich T. , *et al.* Experimental and
simulation study of the behaviour and operation modes of
MSGC+GEM detectors. *Nucl. Instr. and Meth. A*, 2002,
89: 121 - 139

[43] Goerlach U. , Croix J. , Colledani C. , *et al.* Test of APV-
DMILL circuits with silicon and MSGC micro-strip detectors

for CMS. *Nucl. Instr. and Meth. A*, 2002, **484**: 503 - 514

[44] Hott T. Ageing problems of the Inner Tracker of HERA-B-An example for new detectors and new effects. *Nucl. Instr. and Meth. A*, 2003, **515**: 242 - 248

[45] Beckers T. , Velde C. V. , Beaumont W. , *et al*. Simulation study of silicon and gaseous tracking detectors. *Nucl. Instr. and Meth. A*, 2002, **478**: 448 - 451

[46] Bateman J. E. , Connolly J. F. , Derbyshire G. E. , *et al*. Energy resolution in X-ray detecting micro-strip gas counters. *Nucl. Instr. and Meth. A*, 2002, **484**: 384 - 395

[47] Gebauer B. , alimov S. S. , Klimov A. Yu. , *et al*. Development of hybrid low-pressure MSGC neutron detectors. *Nucl. Instr. and Meth. A*, 2004, **529**: 358 - 364

[48] Barasch E. F. , Altunbas M. C. , Bednarek D. , et al. A medical imaging microstrip gas counter. *IEEE Nucl Sci Symp Med Imaging Conf.*, 2000, **3**: 23/22 - 23/25

[49] Ravi K. V. Low pressure diamond synthesis for electronic applications. *Mater. Sci. Eng. B*, 1993, **19**: 203 - 227

[50] Jin S. , Fanciulli M. , Moustakas T. D. , *et al*. Electronic characterization of diamond films prepared by electron cyclotron resonance microwave plasma. *Diamond Relat. Mater.*, 1994, **3**: 878 - 882

[51] Schermer J. J. , van Enckevort W. J. P. , Giling L. J. , Flame deposition and characterization of large type IIA diamond single crystals. *Diamond Relat. Mater.*, 1994, **3**: 408 - 416

[52] Garcia I. , Sanchez Olias J. , Agullo -Rueda F. , *et al*. Dielectric characterisation of oxyacetylene flame-deposited diamond thin films. *Diamond Relat. Mater.*, 1997, **6**:

1210 - 1218

[53] Nebel C. E. Electronic properties of CVD diamond. *Semicond. Sci. Technol.*, 2003, **18**: S1 - S11

[54] Souw E. K., Meilunas R. J., Szeles C., *et al*. Photoconductivity of CVD diamond under bandgap and subbandgap irradiations. *Diamond Relat. Mater.*, 1997, **6**: 1157 - 1171

[55] Muto Y., Sugino T., Shirafuji J., *et al*. Electrical conduction in undoped diamond films prepared by chemical vapor deposition. *Appl. Phys. Lett.*, 1991, **53**: 843 - 845

[56] 甑汉生. 等离子体加工技术. 北京：清华大学出版社,1990

[57] Zhang Minglong, Gu Bubu, Wang Linjun, *et al*. Preparation and characterization of (100)-textured diamond films obtained by hot-filament CVD. *Vacuum*, 2005 (In press)

[58] Meier D., Adam W., Bauer C., *et al*. Proton irradiation of CVD diamond detectors for high-luminosity experiments at the LHC. *Nucl. Instr. and Meth. A*, 1999, **426**: 173 - 180

[59] Tromson D., Brambilla A., Foulon F., *et al*. Geometrical non-uniformities in the sensitivity of polycrystalline diamond radiation detectors. *Diamond Relat. Mater.*, 2000, **9**: 1850 -1855

[60] Schermer J. J., de Theije F. K., Elst W. A. L. M. On the mechanism of <001> texturing during flame deposition of diamond. *J. Cryst. Growth*, 2002, **243**: 302 - 318

[61] Spear K. E. Diamond-ceramic coating of the future. *J. Am. Ceram. Soc.*, 1989, **72**: 171 - 191

[62] Weima J. A., Job R., Fahrner W. R., *et al*. Surface analysis of ultraprecise polished chemical vapor deposited diamond films using spectroscopic and microscopic

techniques. *J. Appl. Phys.* 2001，**89**：2434 – 2440

[63] Silveira M. , Becucci M. , Castellucci E. , *et al*. Non-diamond carbon phases in plasma-assisted deposition of crystalline diamond films：a Raman study. *Diamond Relat. Mater.* , 1993，**9**：1257 – 1262

[64] Sails S. R. , Gardiner D. J. , Bowden M. Stress and crystallinity in ［100］, ［110］ and ［111］ oriented diamond films studied using Raman microscopy. *J. Appl. Phys. Lett.* , 1994，**65**：43 – 45

[65] Kuo C. T. , Lin C. R. , Lien H. M. , Origins of the residual stress in CVD diamond films. *Thin Solid Films*，1996，**290 – 291**：254 – 259

[66] 唐壁玉，靳九成，李绍绿，等. CVD 金刚石薄膜的应力研究. 高压物理学报，1997，**1**：56 – 60

[67] Wang Linjun, Xia Yiben, Zhang Minglong, *et al*. Spectroscopic ellipsometric study of CVD diamond films：Modelling and optical properties in the energy range of 0. 1 – 0. 4 eV. *Journal of Physics D：Applied Physics*，2004，**37**：1976 – 1979

[68] Zhang Minglong, Xia Yiben, Wang Linjun, *et al*. Effects of the deposition conditions and annealing process on the electric properties of hot-filament CVD diamond films. *Journal of Crystal Growth*，2005，**274**：21 – 27

[69] Kulkarni A. K. , Shrotriya A. , Cheng P. , *et al*. Electrical properties of diamond thin films grown by chemical vapor deposition technique. *Thin Solid Films*，1994，**253**：141 –145

[70] Chakrabarti K. , Chakrabarti R. , Chaudhuri S. , *et al*. Submicrocrystalline diamond film deposited by CVD of Freon

22: fabrication of pressure sensing devices. *Diamond Relat. Mater.*, 1998, **7**: 1227 – 1232

[71] Adamschik M. , Muller R. , Gluche P. , *et al*. Analysis of piezoresistive properties of CVD-diamond films on silicon. *Diamond Relat. Mater.*, 2001, **10**: 1670 – 1675

[72] Garcia I. , Sanchez Olias J. , Agullo-Rueda F. , *et al*. Dielectric characterisation of oxyacetylene flame-deposited diamond thin films. *Diamond Relat. Mater.*, 1997, **6**: 1210 –1218

[73] Marks C. M. , Burris H. R. , Grun J. , *et al*. Studies of turbulent oxyacetylene flames used for diamond growth. *J. Appl. Phys.*, 1993, **73**: 755 – 759

[74] Iakoubovskii K. , Adriaenssens G. J. Optical detection of defect centers in CVD diamond. *Diamond Relat. Mater.*, 2000, **9**: 1349 – 1356

[75] Garrido J. A. , Nebel C. E. , Stutzmann M. , *et al*. A new acceptor state in CVD-diamond. *Diamond Relat. Mater.*, 2002, **11**: 347 – 350

[76] Kupriyanov I. A. , Gusev V. A. , Pal'yanov Yu. N. Photochromic effect in irradiated and annealed nearly IIa type synthetic diamond. *J. Phys. Condens. Matter.*, 2000, **12**: 7843 – 7856

[77] Iakoubovskii K. , Adriaenssens G. J. , Nesladek M. , Photochromism of vacancy-related centres in diamond. *J. Phys. Condens. Matter.*, 2000, **12**: 189 – 199

[78] Zhang Minglong, Xia Yiben, Wang Linjun, *et al*. Characterization of the defects in chemical vapor deposited diamond. *Chinese Physics Letters*, 2005 (In press).

[79] Talbot-Ponsonby D. F. , Newton M. E. , Baker J. M. , *et*

al. EPR and optical studies on polycrystalline diamond films grown by chemical vapor deposition and annealed between 1 100 and 1 900 K. *Phys. Rev. B*, 1998, **57**: 2302 - 2309

[80] Khomich A. V. , Ralchenko V. C. , Vlasov A. V. , *et al*. Effect of high temperature annealing on optical and thermal properties of CVD diamond. Diamond Relat. Mater. , 2001, 10: 546 - 551

[81] Lowther J. E. Excited states of the vacancy in diamond. *Phys. Rev.* B, 1993, **48**: 11592 - 11601

[82] Souw E. K. , Meilunas R. J. , Szeles C. , *et al*. Photoconductivity of CVD diamond under bandgap and subbandgap irradiations. *Diamond Relat. Mater.* , 1997, **6**: 1157 - 1171

[83] Gonon P. , Deneuville A. , Gheeraert E. , *et al*. Spectral response of the photoconductivity of polycrystalline chemically vapor deposited diamond films. *Diamond Relat. Mater.* , 1994, **3**: 836 - 839

[84] Zhang Minglong, Xia Yiben, Wang Linjun, *et al*. CVD diamond photoconductive devices for detection of X-rays. *Journal of Physics D: Applied Physics*, 2004, **37**: 3198 -3201

[85] Sharda T. , Vaidya A. , Misra S. , *et al*. Stoichiometry of the diamond/silicon interface and its influence on the silicon content of diamond films. *J. Appl. Phys.* , 1998, **83**: 1120 -1124

[86] Mizuochi N. , Ogura M. , Watanabe H. , *et al*. EPR study of hydrogen-related defects in boron-doped p-type CVD homoepitaxial diamond films. *Diamond Relat. Mater.* , 2004; 13: 2096 - 2099

[87] Craciun M., Saby C., Muret P., *et al*. A 3.4 eV potential barrier height in Schottky diodes on boron-doped diamond thin films. *Diamond Relat. Mater.*, 2004, **13**: 292 – 295

[88] Nebel C. E., Zeisel R., Stutzmann M. Space charge spectroscopy of diamond. *Diamond Relat. Mater.*, 2001, **10**: 639 – 644

[89] Rossi M. C., Salvatori S., Scotti F., *et al*. Photocurrent and photoelectron yield spectroscopies of defect states in CVD diamond films. *Phys. Status Solidi A*, 2000, **181**: 29 – 35

[90] 谢一冈，陈昌，王曼，等. 粒子探测器与数据获取. 北京：科学出版社，2003

[91] 王经谨，范天民，钱永庚，等. 核电子学. 北京：原子能出版社，1984

[92] 王芝英. 核电子技术原理. 北京：原子能出版社，1989

[93] 王经瑾等. 核电子学（上册）. 北京：原子能出版社，1983

[94] Foulon F., Pochet T., Gheeraert E., *et al*. CVD diamond films for radiation detection. *IEEE Trans. Nucl. Sci.*, 1994, **41**: 927 – 932

[95] Vaitkus R., Inushima T., Yamazaki S. Enhancement of photosensitivity by ultraviolet irradiation and photoconductivity spectra of diamond thin films. *Appl. Phys. Lett.*, 1993, **62**: 2384 – 2386

[96] Plano M. A., Zhao S., Gardinier C. F., *et al*. Thickness dependence of the electrical characteristics of chemical vapor deposited diamond films. *Appl. Phys. Lett.*, 1994, **64**: 193 – 195

[97] Kania D. R., Pan L. S., Bell P., *et al*. Absolute X-ray power measurements with subnanosecond time resolution using type IIa diamond photoconductors. *J. Appl. Phys.*, 1990, **68**: 124 – 130

[98]   Spielman R. B. Diamond photoconducting detectors as high
         power z-pinch diagnostics. *Rev. Sci. Instrum.* , 1995, **66**:
         867 - 870

[99]   Rebisz M. , Guerrero M. J. , Tromson D. , *et al*. CVD
         diamond for thermoluminescence dosimetry: Optimisation of
         the readout process and application. *Diamond Relat.
         Mater.* , 2004, **13**: 796 - 801

[100]   Keddy R. J. , Nam T. L. Diamond radiation detectors.
         Radiat. Phys. Chem. , 1993, **41**: 767 - 773

[101]   Borchelt F. , Dulinski W. , Gan K. K. , *et al*. First
         measurements with a diamond microstrip detector. *Nucl.
         Instr. and Meth. A*, 1995, **354**: 318 - 327

[102]   Souw E. K. , Meilunas R. J. Response of CVD diamond
         detectors to alpha radiation. *Nucl. Instr. and Meth. A*,
         1997, **400**: 69 - 86

[103]   Bruzzi M. , Menichelli D. , Sciortino S. , *et al*. Deep levels
         and trapping mechanisms in chemical vapor deposited
         diamond. *J. Appl. Phys.* , 2002, **91**: 5765 - 5774

[104]   Bruzzi M. , Menichelli D. , Pini S. , *et al*. Improvement of
         the dosimetric properties of chemical-vapor-deposited
         diamond films by neutron irradiation. *Appl. Phys. Lett.* ,
         2002, **81**: 298 - 300

[105]   Wang Linjun, Xia Yiben, Zhang Minglong, *et al*. The
         influence of deposition conditions on the dielectric properties
         of diamond films. *Semicon. Sci. Tech.* , 2004, **19**:
         L35 -L38

[106]   Zhang Minglong, Gu Beibei, Wang Linjun, *et al*. X-ray
         detectors based on (100)-textured CVD diamond films.
         Physics Letters A, 2004, **332**: 320 - 325.

[107] Wang Linjun, Xia Yiben, Shen Hujiang, *et al*. Infrared optical properties of diamond films and electrical properties of CVD diamond detectors. *J. Phys. D: Appl. Phys.*, 2003, **36**: 2548 – 2552

[108] Fang F., Hewett C. A., Fernandes M. G., *et al*. Ohmic contacts formed by ion mixing in the Si-diamond system, *IEEE Trans. Electron Devices*, 1989, **36**: 1783 – 1786

[109] Venkatesan V., Das K. Ohmic contacts on diamond by B ion implantation and Ti-Au metallization. *IEEE Electron Device Lett.*, 1992, **13**: 126 – 128

[110] Krasilnikov A. V., Amosov V. N., Kaschuch Y. A. Natural diamond detector as a high energy particle spectrometer. *IEEE Tran. Nucl. Sci.*, 1998, **45**: 385 –389

[111] Chen Y. G., Oqura M., Yamasaki S., *et al*. Investigation of specific contact resistance of ohmic contacts to B-doped homoepitaxial diamond using transmission line model. *Diamond Relat. Mater.*, 2004, **13**: 2121 – 2124

[112] Zhang Minglong, Xia Yiben, Wang Linjun, *et al*. Response of chemical vapor deposition diamond detectors to X-ray, Solid State Communications 2004, **130**: 425 – 428

[113] Iakoubovskii K., Adriaenssens G. J. Optical detection of defect centers in CVD diamond. *Diamond Relat. Mater.*, 2000, **9**: 1349 – 1356

[114] Zhang Minglong, Xia Yiben, Wan Linjun, *et al*. Effects of microstructure of films on CVD diamond X-ray detectors. *Sensors and Actuators A Physics*, 2005 (In press)

[115] Zhang Minglong, Xia Yiben, Wang Linjun, *et al*. Effects of the film microstructures on CVD diamond radiation detectors. *Journal of Crystal Growth*, 2005, **277**: 382 –387

[116] Tromson D. , Brambilla A. , Foulon F. , *et al*. Geometrical non-uniformities in the sensitivity of polycrystalline diamond radiation detectors. *Diamond Relat. Mater.* , 2000, **9**: 1850 –1855

[117] Souw E. K. , Meilunas R. J. Response of CVD diamond detectors to alpha radiation. *Nucl. Instr. and Meth. A* , 1997, **400**: 69 – 86

[118] Vatnitsky S. , Jaervinen H. , Application of a natural diamond detector for the measurement of relative dose distributions in radiotherapy. *Phys. Med. Biol.* , 1993, **38**: 173 – 184

[119] Kaneko J. , Katagiri M. , Ikeda Y. , *et al*. Development of a synthetic diamond radiation detector with a boron doped CVD diamond contact. *Nucl. Instr. and Meth. A* , 1999, **422**: 211 – 215

[120] Kaneko J. H. , Tanaka T. , Tanimura Y. , *et al*. Measurement of behavior of charge carriers and investigation into charge -trapping mechanisms in high-purity type-IIa diamond single crystals grown by high-pressure and high-temperature synthesis. *New Diamond Front. Carbon Technol.* , 2004, **14**: 299 – 311

[121] Bergonzo P. , Brambilla A. , Tromson D. , *et al*. CVD diamond for radiation detection devices. *Diamond Rel. Mat.* , 2001, **10**: 631 – 638

[122] Manfredotti C. , Fizzotti F. , Polesello P. , *et al*. Study of polycrystalline CVD diamond by nuclear techniques. *Phys. Status Solidi A* , 1996, **154**: 327 – 350

[123] Hecht K. The principle of photoelectric detectors. *Z. Phys.* 1932, **77**: 235

[124] Zhang Minglong, Xia Yiben, Wang Linjun, *et al.* CVD diamond devices for charged particle detection. *Semiconductor Science and Technology*, 2004 (Accepted).

[125] Gu Beibei, Wang Linjun, Zhang Minglong, *et al.* Investigation of Chemical-Vapor-Deposition Diamond Alpha-Particle Detectors. *Chinese physics letters*, 2005, **21**: 2051 -2053

[126] Bergonzo P. , Brambilla A. , Tromson D. , *et al.* CVD diamond for nuclear detection applications. *Nucl. Instr. and Meth. A*, 2002, **476**: 694 - 700

[127] Campbell B. , Choudhury W. , Mainwood A. , *et al.* Lattice damage caused by the irradiation of diamond. *Nucl. Instr. and Meth. A*, 2002, **476**: 680 - 685

[128] Pini S. , Bruzzi M. , Bucciolini M. , *et al.* High-bandgap semiconductor dosimeters for radiotherapy applications. *Nucl. Instr. and Meth. A*, 2003, **514**: 135 - 140

[129] Adam W. , Bauer C. , Berdermann E. , *et al.* Review of the development of diamond radiation sensors. *Nucl. Instr. and Meth. A*, 1999, **434**: 131 - 145

[130] Tromson D. , Brambilla A. , Foulon F. , *et al.* Geometrical non-uniformities in the sensitivity of polycrystalline diamond radiation detectors. *Diamond Relat. Mater.*, 2000, **9**: 1850 -1855

[131] Zhang Minglong, Xia Yiben, Wang Linjun, *et al.* CVD diamond photo conductive devices for detection of X-rays, *Journal of physics D: Applied physics*, 2004, **37**: 3198 -3201

[132] Zhang Minglong, Xia Yiben, Wang Linjun, *et al.* Performance of CVD diamond alpha particle detectors, Solid

State Communications, 2004, **130**: 551 - 555

[133] Borchelt F., Dulinski W., Gan K. K., *et al*. First measurements with a diamond microstrip detector. *Nucl. Instr. and Meth*. A, 1995, **354**: 318 - 327

[134] Adam W., Berdermann E., Bergonzo P., *et al*. Performance of irradiated CVD diamond micro-strip sensors. *Nucl. Instr. and Meth*. A, 2002, **476**: 706 - 712

[135] Zhang Minglong, Xia Yiben, Wang Linjun, *et al*. Effects of the grain size of CVD diamond films on the detector performance. *Journal of Materials Science*, 2005 (Accepted)

[136] Bouhali O., Udo F., Van Doninck W., *et al*. Operation of micro strip gas counters with Ne-DME gas mixtures. *Nucl. Instr. and Meth*. A, 1996, **378**: 423 - 438

[137] Schmidt B. Microstrip gas chambers: Recent developments, radiation damage and long-term behavior. *Nucl. Instr. and Meth*. A, 1998, **419**: 230 - 238

[138] Ochi A., Tanimori T., Nishi Y., *et al*. Use of a microstrip gas chamber conductive capillary plate for time-resolved X-ray area detection. *Nucl. Instr. and Meth*. A, 2002, **477**: 48 - 54

[139] (美)诺尔,李旭译. 辐射探测与测量. 北京:原子能出版社,1988

[140] Bouhali O., Udo F., Van Doninck W., *et al*. Operation of microstrip gas counters with DME-based gas mixtures. *Nucl. Instr. and Meth*. A, 1998, **413**: 105 - 118

[141] 张明龙,夏义本,王林军,等. 一种适合微条气体室探测器的理想衬底材料. 高能物理与核物理, 2004, **4**: 408 - 411

[142] Boimska B., Bouclier R., Capeans M., *et al*. Progress

with diamond over-coated microstrip gas chambers. *Nucl. Instr. and Meth*. *A*，1998，**404**：57 - 70

[143] Cicognani G. ，Feltin D. ，Guerard B. ，*et al*. Stability of microstrip gas chambers with small anode-cathode gap on ionic conducting glass. *Nucl. Instr. and Meth*. *A*，1998，**416**：263 - 266

[144] Barr A. ，Bachmann S. ，Boimska B. ，*et al*. Construction，test and operation in a. high intensity beam of a. small system of micro-strip gas chambers. *Nucl. Instr. and Meth*. *A*，1998，**403**：31 - 56

[145] Bellazzini R. ，Brez A. ，Latronico L. ，*et al*. Substrate-less，spark-free micro-strip gas counters. *Nucl. Instr. and Meth*. *A*，1998，**409**：14 - 19

[146] 张明龙,夏义本,王林军. 微条气体室(MSGC)性能改进方案，核电子学与探测技术,2003，**2**：113 - 116

[147] Bouclier R. ，Capeans M. ，Hoch M. ，*et al*. High rate operation of micro-strip gas chambers. *IEEE Trans. Nucl. Sci*. ，1996，**43**：1220 - 1226

[148] 夏义本，王林军，张明龙,等. 一种微条气体室探测器复合基板的制造方法，中国，200410016260. 4，2004 年 2 月，发明专利

[149] Tanimori T. ，Nishi Y. ，Ochi A. ，*et al*. Imaging gaseous detector based on micro -processing technology. *Nucl. Instr. and Meth*. *A*，1999，**436**：188 - 195

[150] Teo K. B. K. ，Ferrari A. C. ，Fanchini G，*et al*. Highest optical gap tetrahedral amorphous carbon. *Diamond Relat. Mater*. ，2002，**11**：1086 - 1090

[151] Meenakshi V. ，Sayeed A. ，Subramanyam S. V. Conductivity and structural studies on disordered amorphous

conducting carbon films. *Mater. Sci. For.*, 1996, **223 - 224**: 307 - 310

[152] Bouclier R., Million G., Ropelewski L., *et al*. Performance of gas microstrip chambers on glass substrata with electronic conductivity. *Nucl. Instr. and Meth. A*, 1993, **332**: 100 - 106

[153] Zhang Minglong, Xia Yiben, Wang Linjun, *et al*. The electrical properties of diamond-like carbon film/D263 glass composite for the substrate of micro-strip gas chamber. *Diamond and Related Materials*, 2003, **12**: 1544 - 1547

[154] 王林军,夏义本,张明龙,等. 一种微条气体室探测器基板的制造方法,中国, 200410016257.2, 2004 年 2 月,发明专利

[155] 张恒大,刘敬明,宋建华,等. CVD 金刚石的抛光技术. 表面技术, 2001, **1**: 15 - 18

[156] 蒋中伟,张竞敏,黄文浩. 金刚石热化学抛光的机理研究. 光学精密工程, 2002, **10**: 50 - 55

[157] Mainwood A. CVD diamond particle detectors. *Diamond Relat. Mater.*, 1998, **7**: 504 - 509

[158] 杨莹,夏义本,王林军,等. 微条气体室(MSGC)基板材料的研究. 功能材料, 2004, **3**: 360 - 362

[159] Charpak G., Rahm D., Steiner H. SOME DEVELOPMENTS IN THE OPERATION OF MULTIWIRES PROPORTIONAL CHAMBERS. *Nucl. Instr. and Meth. A*, 1970, **80**: 13 - 34

[160] Bateman J. E., Barlow R., Derbyshire G. E., *et al*. High-gain microstrip gas counters for soft X-ray detection. *Nucl. Instr. and Meth. A*, 2003, **513**: 273 - 276

[161] Angelini F., Bellazzini R., Brez A. Operation of MSGCs with gold strips built on surface-treated thin glasses. *Nucl.*

Instr. and Meth. A, 1996，**383**：461－469

[162] Barr A., Boimska B., Bouclier R. "Diamond" over-coated Microstrip Gas Chambers for high rate operation. *Nucl. Phys. B*, 1998，**61**：315－320

[163] Mack V., Brom J. M., Fang R., *et al*. Factors influencing the performances of micro-strip gas chambers. *Nucl. Instr. and Meth. A*, 1995，**367**：173－176

[164] Boulogne I., Daubie E., Defontaines F., *et al*. Aging tests of MSGC detectors. *Nucl. Instr. and Meth. A*, 2003，**515**：196－201

[165] 王芝英. 核电子技术原理. 北京：原子能出版社，1989

[166] Prendergast E. P., Agterhuis E. H., Kuijer P. G., *et al*. Properties of CF4 and isobutene for use in microstrip gas counters. *Nucl. Instr. and Meth. A*, 1997，**385**：243－247

[167] Zhang Minglong, Xia Yiben, Wang Linjun, *et al*. Energy resolution in X-ray detecting micro-strip gas chamber fabricated on CVD diamond films. *Proc. SPIE*, 2004，**5774**：91－94（ISTP）

[168] 王临洲. 正比室一些特性的研究. 核技术，1984，**1**：26－31

[169] Oed A. Properties of micro-strip gas chambers（MSGC）and recent developments. *Nucl. Instr. and Meth. A*, 1995，**367**：34－40

[170] Bateman J. E., Connolly J. F., Derbyshire G. E., *et al*. Energy resolution in X-ray detecting micro-strip gas counters. *Nucl. Instr. and Meth. A*, 2002，**484**：384－395

[171] 张明龙，夏义本，王林军，等. 气体电子倍增器的研制及性能测试. 核电子学与探测技术，2005（Accepted）

[172] Sauli F. GEM：A new concept for electron amplification in gas detectors. *Nucl. Instr. and Meth. A*, 1997，**386**：531－

534

[173] Bondar A. , Buzulutskov A. , Sauli F. , *et al*. High-and low-pressure operation of the gas electron multiplier. *Nucl. Instr. and Meth*. *A*, 1998, **419**: 418 - 422

[174] Benlloch J. , Bressan A. , Capeans M. , *et al*. Further developments and beam tests of the gas electron multiplier (GEM). *Nucl. Instr. and Meth*. *A*, 1998, **419**: 410 - 417

[175] Kim H. K. , Jackson K. , Hong W. S. , *et al*. Application of the LIGA process for fabrication of gas avalanche devices. *IEEE Trans. Nucl. Sci.* , 2000, **47**: 923 - 927

[176] Bressan A. , Buzulutskov A. , Ropelewshi L. , *et al*. High gain operation of GEM in pure argon. *Nucl. Instr. and Meth*. *A*, 2000, **423**: 119 - 124

[177] Maia J. M. , Veloso J. F. C. A. , Dos Santos J. M. F. , *et al*. Advances in the Micro-Hole and Strip Plate gaseous detector. *Nucl. Instr. and Meth*. *A*, 2003, **514**: 364 - 368

[178] 张明龙，夏义本，王林军,等. CVD金刚石/硅为基板的微条气体室性能研究. 功能材料与器件，2005（In Press）

致　谢

在论文完成之际,在此谨向导师夏义本教授表示最崇高的敬意和衷心的感谢! 从论文的开始到完成,夏先生对我的实验和论文工作倾注了大量的心血,给予了悉心的指导,保证了研究工作和论文的顺利完成,锻炼了我的意志并增强了我奋发向上的决心.夏先生渊博的知识、严谨的治学态度给我留下了深刻的印象,将是我一生的财富.夏先生不仅对我的论文工作给予了悉心指导,还在平时工作、学习、生活等各方面给予了无微不至的关怀和帮助,我将一生难忘.再次向先生表示最衷心的感谢!

在整个论文完成过程中,王林军副教授在工作和生活上给予了极大的帮助.在他的指导和支持下,三年来,我们共同工作共同奋斗,克服了无数的困难,取得了众多成果.我们是师兄弟,也是师生,更是好朋友.史伟民教授和沈悦副教授也在实验和生活上给予了很多的帮助.在此,我也向他们表示最衷心的感谢!

上海大学分析测试中心邬树郤主任、褚于良工程师、贾广强硕士,美国 AMD 公司陶绍军先生,上海大学材料学院尤静林教授和陈辉博士,中科院技术物理研究所杨建荣教授、陈新国老师、盛兰英老师,中科院上海光机所楼祺洪教授、魏运荣老师、叶震寰博士和漆云凤硕士,上海微系统与信息技术研究所谢建芳高工,上海无线电八厂和十四厂等单位和个人免费为本文提供了样品测试等,在此一并表示诚挚的感谢!

论文工作也得到了顾蓓蓓硕士、沈沪江硕士、汪琳硕士、杨莹硕士、马莹硕士、苏青峰博士、刘建民博士、吴南春博士、楼燕燕硕士、阮建峰硕士、崔江涛硕士、蒋丽雯硕士、任玲硕士、赵萍硕士等人的无私帮助和关心,对此我表示诚挚的感谢!

在三年的博士学习期间,我得到了电子信息材料系郭昀老师、张建成教授、蒋雪茵教授、桑文斌教授、孟中岩教授、吴文彪副教授、闵嘉华老师、潘漳敏老师、金灯仁老师、李晋元老师、沈国华老师以及上海大学研究生部叶志明副校长、凌长根老师等多位老师的悉心关怀和无私帮助,并得到了上海大学光华教育基金会、宝钢教育基金会,上海大学蔡冠深研究生奖学金基金会,上海应用材料研究与发展研究生奖学金基金会的资助,在此我表示衷心的感谢!

最后感谢我的父母、女友和家人及朋友,是他们的关心、鼓励和全力支持给了我奋发向上的勇气和完成学业的力量,在此表示最衷心的感谢!